U0179431

石墨烯衍生物的制备、结构与性能研究

刘艳云◎著

武汉理工大学出版社

·武 汉·

内 容 提 要

本书首先介绍了一种利用脉冲电场剥离氧化石墨的方法，并用热力学原理对氧化石墨的电场剥离机理进行分析，在此基础上，通过调控电化学过程工艺参数，使得氧化石墨剥离产物在电极上以不同的形貌（枝晶状与沉状）沉积组装，获得不同空间构型（三维或二维）的石墨烯衍生物。最后，本书以石墨烯在超级电容器方面应用研究为导向，设计并组装了一种石墨烯基高比能量水系混合型电容器。本书对制备具有新型结构的石墨烯衍生物具有重要的理论指导与实践意义。

图书在版编目(CIP)数据

石墨烯衍生物的制备、结构与性能研究 / 刘艳云著. — 武汉：武汉理工大学出版社，2023.11

ISBN 978-7-5629-6966-2

Ⅰ.①石… Ⅱ.①刘… Ⅲ.①石墨烯—衍生物—制备—研究②石墨烯—衍生物—结构—研究③石墨烯—衍生物—性能—研究 Ⅳ.①TB383

中国国家版本馆CIP数据核字（2023）第248364号

责任编辑：戴皓华

责任校对：王品品　　　排　　版：米　乐

出版发行　武汉理工大学出版社

社　　址：武汉市洪山区珞狮路122号

邮　　编：430070

网　　址：http://www.wutp.com.cn

经　　销：各地新华书店

印　　刷：北京亚吉飞数码科技有限公司

开　　本：170×240　1/16

印　　张：9.75

字　　数：154千字

版　　次：2024年4月第1版

印　　次：2024年4月第1次印刷

定　　价：70.00元

　　石墨烯作为一种新型的二维碳质材料，具有独特的结构特征和优异的电学、力学、光学以及热学性质，在微电子器件、储能、催化、传感以及功能型复合材料等领域具有广阔的应用前景。目前，氧化还原法被认为是一种操作简单、成本低、可大量制备石墨烯的有效方法。氧化石墨的剥离是该方法的关键步骤，但是有关研究少见报道，探索一种绿色简单的剥离方法对石墨烯的大规模制备具有重要的作用。另外，石墨烯是一种微纳米粉体材料，在实际使用中，需将其单片的优越性能转化为宏观材料的性能，才能真正体现它的价值。所以组装具有一定空间构型的石墨烯衍生物是现在石墨烯产业化发展的关键。

　　本书围绕上述问题开展研究，制备得到了一系列具有新型结构与优异性能的石墨烯衍生物，并以其在超级电容器方面的应用研究为导向，对所制得的衍生物进行电化学性能分析，具体内容与结果如下。

　　（1）建立了一种利用脉冲电场剥离氧化石墨的方法。系统研究了反应时间、峰峰电压、电场频率与电极间距对氧化石墨剥离效果的影响，并用热力学原理对氧化石墨的电场剥离机理进行了研究。结果表明：在其他条件不变的情况下，剥离率与反应时间和峰峰电压成正比；与频率和电极间距成反比。当氧化石墨颗粒与电场方向平行时，剥离反应最易发生。超声场的引入有利于提高氧化石墨的电场剥离率。剥离产物氧化石墨烯是最常见的石墨烯衍生物，也是石墨烯及其衍生物的廉价前驱体，这为后续的氧化石墨烯还原自组装研究奠定了基础。

（2）探索研究了一种可以同时制备不同空间构型石墨烯衍生物的方法。即在氧化石墨烯电化学还原过程中，通过调控各种工艺参数，使得其在电极上以不同的形貌（枝晶状与层状）沉积组装，最终获得不同空间构型（三维或二维）的石墨烯衍生物。在此过程中，分别对氧化石墨烯的电化学还原机理以及其电沉积组装过程进行研究。研究结果发现：占空比（高电平在整个周期的比例）的大小不仅决定氧化石墨烯的还原程度，还决定电极附近溶液的粒子组成情况，进而决定石墨烯在电极上的沉积组装行为。

（3）对制备得到的二维石墨烯纸进行电化学性能测试。结果表明：当扫描速度达到800mV/s时，组装好的柔性电容器仍然具有很好的电化学电容行为。该电容器经过2000次循环后，比电容的容量仍保持在91.3%，具有很好的耐久性。将该电容器从0°到180°发生任意角度弯曲，比电容几乎没有发生变化。上述结论均说明石墨烯纸可以作为优异的柔性电极材料。对所制得的三维网络石墨烯进行电化学性能测试，结果显示：同样的扫速下，三维网络石墨烯的比电容（当扫描速度为5mV/s时，比电容为125F/g）小于石墨烯纸的比电容，而且该三维网络石墨烯电极不适合大电流充放电。

（4）以氨作为还原剂和氮掺杂剂与氧化石墨烯进行水热反应，通过真空冻干方法辅助，得到了氮掺杂三维网状石墨烯（N–G）材料。反应过程中系统研究了不同反应时间氧化石墨烯的还原与掺杂情况。另外，在2M KOH电解液中，将N–G作为电极材料，用两电极法对其电化学电容性能进行测试。实验结果表明：反应时间对N–G的形貌、电导率与N掺杂量具有重要的影响。当水热反应时间为20h，得到的N–G中N原子百分比为4.82%，C与O原子个数比为7：1。当电流密度为0.1A/g时，N–G电极材料比电容可以高达250F/g。将该材料组装成的电容器循环2000次后，电容值还可以保持在95%左右。

（5）设计并组装了基于N–G的高比能量水系混合型电化学电容器。该电容器用锰酸锂作正极材料，N–G作负极材料，2M LiNO$_3$作电解液。充放电过程主要依靠Li离子分别向两个电极嵌入/脱出或者是吸附/脱附来实现。该混合电容器可以将工作电压提高到1.8V。在循环2000次后，电容值还可以保持80%左右。在功率密度相同的情况下，该混合型电容器获得的能量密度（22.15Wh/kg）是同样条件下组装的对称型电容器（6.25Wh/kg）的3倍。

　　在本书的撰写过程中，作者不仅参阅、引用了很多国内外相关文献资料，而且得到了同事亲朋的鼎力相助，在此一并表示衷心的感谢。由于作者水平有限，书中疏漏之处在所难免，恳请同行专家以及广大读者批评指正。

作　者

2023年9月

CONTENTS | **目 录**

第1章　绪论

材料的空间尺度是影响其性能的关键因素之一，随着空间尺度的减小表现出一些宏观材料不具备的性能，即纳米效应；一般称具有纳米效应的材料为纳米材料[1]。对零维（如C_{60}）、一维（如碳纳米管）纳米材料的研究已相当广泛。但是科学界对二维材料存有争议，认为材料的汽化温度随其厚度的减小而降低，当厚度降至几十个分子层时变得不稳定，致使准二维晶体材料在室温环境中迅速分解或拆解[2, 3]。

2004年，英国曼彻斯特大学物理学家安德烈·海姆和康斯坦丁·诺沃肖洛夫采用微机械剥离方法成功从高定向石墨中首次分离出了二维石墨烯晶体[4]，不仅纠正了二维晶体室温下不能稳定存在的错误认识，还发现了一种性能优越的新型二维碳纳米材料。两人也因"在二维石墨烯材料的开创性实验"共同获得了2010年诺贝尔物理学奖。自此，石墨烯研究工作正式拉开帷幕[5-7]。

1.1　石墨烯简介

1.1.1　石墨烯的结构

石墨烯可看作被剥离的单层石墨片，是由单原子层厚度的碳原子组成的二维蜂窝状结构，其中碳原子以六元环形式周期性排列于石墨烯平面内，如图1.1所示。它是目前发现的最薄的物质，厚度只有0.35nm，碳原子以sp²杂化的方式相互键合，碳–碳键的键长为0.142nm，键角120°。它也是构建其他维数碳材料的基本单元[5]，如图1.2所示。它可以卷曲成零维（0D）的富勒烯（fullerene），叠合成一维（1D）的碳纳米管（carbon nano-tube，CNT），还可以堆垛成三维（3D）的石墨（graphite）。

图1.1　完美的石墨烯的结构

研究表明，悬空的石墨烯并非绝对平整，而是在与平面垂直的方向上有约为1nm的起伏，如图1.3所示，起伏度随层数的增加逐渐降低至消失。理论分析认为悬空单层石墨烯内的褶皱提高了该材料的稳定性[2]。原子力显微镜分析表明置于基片上的石墨烯也存在褶皱，但是对于褶皱形成原因还存有争议。一种观点认为这些褶皱与悬空的石墨烯类似，是石墨烯自身的结构特点；另一种观点认为，它们源自基片自身的起伏。利用原子力显微镜分析其形貌时，所用基底材料（如HOPG、SiO$_2$、Si、云母片等）表面都存在原子尺度的起伏，由于单层石墨烯片存在大量悬空的π键，它们与基底表面形成较强的范德华力，导致基底自身形貌对石墨烯的结构造成一定影响[8]。

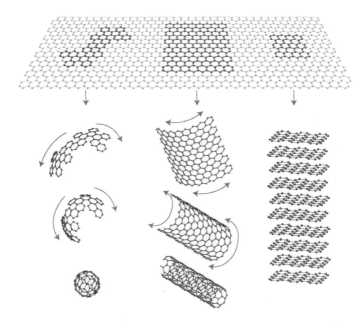

图1.2 构成富勒烯、碳纳米管、石墨的基本单元——石墨烯[5]

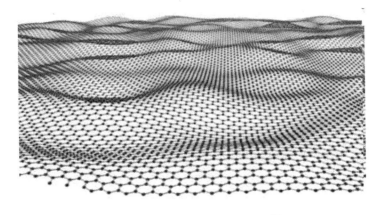

图1.3 石墨烯的结构起伏示意图[2]

1.1.2　石墨烯的性能

石墨烯独特的二维纳米结构赋予了其诸多优异的电学[9-16]、力学[17-19]、热学[20-22]等性能。

石墨烯的电学性质：石墨烯是价带和导带交于一点的零带隙半导体材料，其载流子可以是电子也可以是空穴。组成石墨烯的每个碳原子含有4个价电子，其中的3个电子形成sp^2杂化的共价键，每个碳原子都贡献出一个Pz轨道的电子与相邻原子的Pz轨道形成垂直于平面方向的π键，此时，π键为半填满状态，电子可以在二维晶体内自由移动，石墨烯这种独特的电子结构决定了其具有良好的电子传输性能。实验表明：单层悬浮石墨烯在电子密度大约为$2 \times 10^{11} cm^{-2}$时，石墨烯电子迁移率可高达$2 \times 10^5 cm^2/$（V·s）[12]。

石墨烯的力学性能：石墨烯二维平面内的碳原子之间以σ键相连，赋予了其极高的弹性模量、强度等力学性能。2008年，哥伦比亚大学Lee等人[18]将单层石墨烯置于具有孔型结构的二氧化硅衬底表面，首次采用原子力显微镜纳米压痕实验测得单层石墨烯薄膜的弹性性质和断裂强度。按照单层石墨烯薄膜的厚度为0.335nm计算，石墨烯的杨氏模量大约为1.0TPa，理想强度约为130GPa，是迄今为止力学强度最高的材料。

石墨烯的热学性能：石墨烯室温下的导热性能优于碳纳米管（3000~3500W/（m·K）），导热率最大值为5300W/（m·K）。Balandin等人[20]利用以拉曼光谱为基础的非接触光学法（noncontact optical techniques based on Raman spectroscopy），测得了悬空Si/SiO_2基片微沟上石墨烯的拉曼图谱，通过分析图谱中G峰拉曼位移与输入激光功率之间的关系，研究了石墨烯的室温导热率：$(4.84 \pm 0.44) \times 10^3 \sim (5.30 \pm 0.48) \times 10^3$W/（m·K），研究结果还表明热导率也受石墨烯横向尺寸的影响。另外，理论计算结果表明石墨烯的热导率随温度升高和缺陷的增多而降低[21, 22]。极好的导热性能使得石墨烯有望用作超大规模纳米集成电路散热材料[20]。

1.2 石墨烯的制备方法

石墨烯因其独特的物理性质和化学性质，使其迅速成为材料学界的后起之秀，引起了广大科研人员的研究兴趣。因此，开发一种可以大规模制备高质量石墨烯的方法来满足日益增长的科学研究和实际应用需求有重要意义。目前，石墨烯的制备方法主要有以下几种。

1.2.1 机械剥离法

机械剥离法，即通过机械力从石墨晶体表面剥离得到单层或多层石墨烯碎片。2004年，曼彻斯特大学Geim领导的研究组[4]最初即是采用机械剥离法制备得到了最大宽度可达10μm的石墨烯片。他们首先是用氧等离子束在高取向热解石墨（HOPG）表面刻蚀出宽20μm～2mm、深5μm的槽面，利用光刻胶将其固定在玻璃衬底上，然后用透明胶带反复剥离出多余的石墨片，剩余在硅晶片上的石墨薄片浸泡于丙酮中，并在大量的水与丙醇中超声清洗，去除大多数的较厚片层后得到厚度小于10nm的片层，这些薄的片层主要依靠范德华力或毛细作用力与SiO_2紧密结合，最后在原子力显微镜下挑选出厚度仅有一个单原子层厚的石墨烯片层。此方法可以得到宽度达微米尺寸的石墨烯片，但不易得到独立的单原子层厚的石墨烯片，产率也极低，因此，不适合大规模的生产采用。

1.2.2 外延生长法

外延生长法（epitaxial growth）大致可分为两类：化学气相沉积法

（Chemical Vapor Deposition，CVD）和热解碳化硅法（thermal decomposition of SiC）。前者的基本思路是，在固体基底表面沉积高温分解的碳氢化合物，冷却后得到石墨烯片层[23-28]。该方法最早采用多晶Ni膜作为生长基底制备石墨烯。麻省理工学院的Kong课题组[26]以CH_4为碳源，H_2为载气，用化学气相沉积法在Ni基板上制备出高质量的石墨烯。同一时期，韩国科学家Hong课题组[24]以CH_4为碳源，H_2和Ar的混合气体为载气，用气相沉积法在Ni基板上制备出高质量石墨烯，其制备流程如图1.4所示。

热解碳化硅法的基本思路是在碳化硅（SiC）表面生长石墨烯片层，SiC晶体表面的硅原子在高温真空的环境下被解吸，碳原子逐渐富集，最终形成一定厚度的碳膜[29-32]。Berger，Song等人[31, 32]首先利用该方法制备了高质量的石墨烯片，基本步骤如下：利用氢刻蚀技术处理SiC晶体得到平整度达原子级的样品，在1000℃高真空环境（1×10^{-10}Torr）下去除表面的氧化物后，再将样品加热到一定温度下（1250～1450℃）保温一段时间（1～20min）得到了单层或多层的石墨烯片。

总之，化学气相沉积法与热解碳化硅法虽然可以制得高质量的石墨烯片，但其制备过程需要高温真空等条件，成本较高；另外，所得产物不易同基底分离，影响后续加工，限制其应用范围。

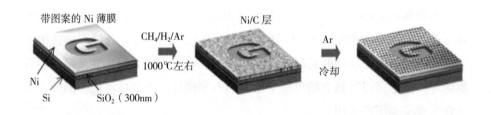

图1.4　化学气相沉积法制备石墨烯片的流程示意图[24]

1.2.3　溶剂剥离法

溶剂剥离法的原理是将少量的石墨分散于溶剂中，形成低浓度的分散液，利用超声波的作用破坏石墨层间的范德华力，制备出单原子层的石墨烯。该方法得到的石墨烯的浓度和产量强烈地依赖于所选溶剂的性质，该溶剂的表面能应该与石墨烯的表面能相匹配，从而能够提供足够的溶剂-石墨烯相互作用以平衡剥离石墨的片层结构所消耗的能量。剑桥大学Hernandez等[33]发现适合剥离石墨的溶剂最佳表面张力应该在40～50mJ/m²，并且在氮甲基吡咯烷酮中石墨烯的产率最高(大约为8%)，电导率为6500S/m。Lotya等[34]采用十二烷基苯磺酸钠表面活性剂的水溶液作为剥离溶液实现了石墨烯的制备，产率约为3%。

溶剂剥离法可以制备高质量的石墨烯，不会破坏石墨烯的结构，整个液相剥离的过程没有在石墨烯的表面引入任何缺陷，为其在微电子学、多功能复合材料等领域的应用提供了广阔的应用前景。唯一的缺点是产率很低，从而限制了它的商业应用。

1.2.4　电化学法

电化学法是在特定电解液中，以石墨棒为电极，当在电极上加载一定的电压后，石墨棒上的石墨膨胀剥落，产生一些功能化的石墨烯。例如Liu等[35]通过电化学法剥离石墨棒制备石墨烯。他们将两个高纯石墨棒平行插入含有离子液体的水溶液中，控制电压在10～20V，30min后阳极石墨棒被腐蚀，离子液体中的阳离子在阴极被还原成自由基，与石墨烯片中的π电子结合，形成功能化的石墨烯片，最后用无水乙醇洗涤电解槽中的黑色沉淀物，60℃下干燥2h即可得到石墨烯。与氧化石墨相比，采用电化学法剥离石墨棒，然后再超声得到的功能化石墨烯，不溶于水溶液中，但能溶于有机溶剂中，如乙二醇、N，N-二甲基甲酰胺（DMF）和四氢呋喃（THF）中。Su等[36]将Pt

电极和高纯石墨电极插入离子液体（H_2SO_4或H_2SO_4/KOH）中，不断变化电压大小和方向，石墨电极膨胀，然后剥离成石墨烯片。

1.2.5　氧化还原法

相比于机械剥离法、外延生长法、溶剂剥离法等常用非氧化还原路线下的制备方法，以天然石墨为原料出发的氧化还原法具有成本低廉、控制简单以及可大规模化制备等优点，被普遍认为是目前最具前景的大规模生产石墨烯的途径。该方法主要包括石墨的氧化、氧化石墨的剥离与氧化石墨烯的还原三个步骤。

1.2.5.1　石墨的氧化

石墨的氧化方法主要有Brodie[37]、Staudenmaier[38]和Hummers[39]三种方法，它们都是用无机强质子酸（如浓硫酸、发烟HNO_3或它们的混合物）处理原始石墨，先将强酸小分子插入石墨层间，再用强氧化剂（如$KMnO_4$、$KClO_4$等）对其进行氧化，最终得到氧化石墨。氧化石墨最早发现于1859年，Brodie将氯酸钾、浓硝酸和天然石墨混合，经多次氧化处理后得到可分散于水但不能分散于酸的产物，因此Brodie称其为石墨酸（graphitic acid）。大约40年后，Staudenmaier对Brodie法进行了改进，通过添加氯酸盐和浓硫酸简化了氧化过程，得到了类似的氧化产物。Hummers和Offeman于1958年发现在高锰酸钾和浓硫酸的作用下，也可得到氧化石墨。且相比于Brodie法和Staudenmaier法，Hummers法具有反应简单，所需时间短，产物氧化程度高，安全性较高，对环境的污染较小等特点，因此是目前制备氧化石墨最主要的方法。尽管一些新的制备方法不断被提出，但是它们多数是以上述方法为基础进行的改进。

氧化石墨具有与天然石墨类似的层状结构，组成元素为C、O和H，C原子彼此相连形成六圆环骨架，O、H与C原子形成多种化学基团（羟基、羧基、环氧基等），分布于碳骨架的表面和边缘处。但是这些化学基团种类及其分布至今尚未完全确定，所以氧化石墨的结构一直存在诸多争议。尽管如此，研究人员依据测试数据提出了一些结构模型，它们在一定程度上解释了氧化石墨的性质，其中包括：早期Hoffman模型，Ruess模型和Lerf–Klinowski模型。

Hoffman认为氧化石墨中仅含有C、O两种元素，环氧基遍布整个组成氧化石墨片层的碳骨架，氧化石墨具有理想的化学分子式：CO_2。Ruess改进了Hoffman模型，认为组成氧化石墨的片层中含有羟基和环氧衍生物，而片层的边缘处被羧基修饰，从而解释了氧化石墨中含有H元素及其呈弱酸性的问题[40]。Lerf和Klinowski[41]认为氧化石墨的结构包含两部分，氧化的区域和未氧化的区域，二者随机分布，相对大小与氧化石墨的氧化程度有关。组成氧化石墨的碳骨架基本平坦，与羟基相连的氧化区域出现轻微褶皱，除羟基之外，氧化区域还有环氧衍生物（epoxide）和羧基。氧化石墨的Lerf–Klinowski模型如图1.5所示，该模型引起了广泛的关注。在本研究中，分析氧化石墨有关性质时采用的是Anton Lerf模型，利用该模型能解释研究过程发现的一些现象。尽管对于氧化石墨的结构仍存有争议，但对氧化石墨中片层边缘处和层间存在多种含氧基团已达成共识。这些含氧基团的存在使氧化石墨的层间距增大，达0.7~1.2nm（受残余含水量的影响），明显高于天然石墨（0.335nm）。氧化石墨片层内的碳原子仍以极强的共价键结合，致使片层内的原子间存在极强的相互作用力；而层间含有大量含氧官能团并以弱氢键相连，致使层间的相互作用力明显低于天然石墨[42]。

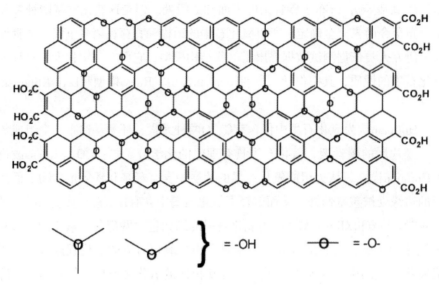

图1.5　氧化石墨的Lerf–Klinowski模型[41]

1.2.5.2　氧化石墨的剥离

在超声波或其他方式的作用下，氧化石墨可以在水中或其他溶剂中被剥离为单层的氧化石墨烯（graphene oxide），常见的剥离方法有超声剥离法[44]和加热辅助磁力搅拌法[43]。

超声剥离法是将氧化石墨悬浮液在一定功率下超声一定时间得到单层氧化石墨烯的方法。超声波在悬浮液中疏密相间地辐射，使液体流动产生成千上万的微小气泡，这些气泡在超声波纵向传播形成的负压区形成、生长，而在正压区迅速闭合，这种闭合可形成超过500个大气压的瞬间高压，局部热点温度可以达到5000℃，冷热交换率大于10^9 K/s，连续不断产生的高压和高温就像一连串小"爆炸"不断地冲击氧化石墨，使各片层迅速剥落，图1.6为超声波剥离氧化石墨机理示意图。Li等[44]在制备石墨烯纳米带时，利用超声波处理氧化石墨悬浮液，使氧化石墨在溶液中达到很好的剥离效果。但是超声法对氧化石墨烯横向尺寸破坏较大，这将限制其实际应用，探索研究新的氧化石墨剥离方法，对石墨烯的规模化制备与应用推广具有重要的意义。

在本书第3章中，会提出一种利用脉冲电场剥离氧化石墨的方法。

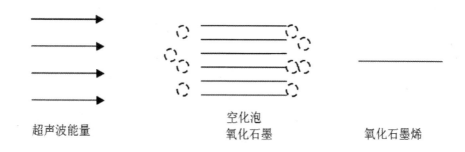

超声波能量　　　　　　空化泡　　　　　　　　氧化石墨烯
　　　　　　　　　　　氧化石墨

图1.6　超声波剥离氧化石墨机理示意图

1.2.5.3　氧化石墨烯的还原

剥离后得到的氧化石墨烯经过还原，即可制备得到石墨烯。常见的还原方法有：化学还原、光还原、热还原与电化学还原等。

化学还原法中主要的还原剂有水合肼[45]、对苯二酚[46]、硼氧化钠[47]、强碱溶液[48]、氧碘酸[49]和硼氢化钠等[50]。化学还原法可有效地将石墨烯氧化物还原成石墨烯，除去碳层间的各种含氧基团。光还原是指在光催化剂TiO_2的存在下紫外光照射还原以及N_2气氛下氙气灯的快速闪光光热还原石墨氧化物得到石墨烯。Akhavan 等[51]即采用此法实现了氧化石墨烯的还原，他们先用去离子水和乙醇清洗TiO_2薄膜，再用汞灯紫外辐照2h，之后把GO溶液喷在TiO_2薄膜上即得到GO/TiO_2薄膜，然后60℃干燥该薄膜24h。为了使GO片更好地黏附在TiO_2层上，再将干燥后的薄膜在400℃的空气中退火30min。把上述得到的薄膜浸在乙醇溶液中，然后在室温下用110mW/cm^{2}汞灯（峰值波长在275nm、350nm和660nm）紫外辐照不同的时间，即得到了还原程度不同的石墨烯。

热还原是对氧化石墨进行的热分解处理反应，其作用时间短，可以在一秒之内完成。与其他还原方法不同的是，该方法可将氧化石墨的剥离和还原过程同时完成，制备得到石墨烯[52-55]。其作用原理是：受热时，氧化石墨片层表面环氧基和羟基分解生成CO_2和水蒸气，当气体生成速率大于其释放速率时，产生的层间压力有可能超过石墨烯层间的范德华力，从而使氧化石墨产生膨胀剥离，在此过程中，伴随着CO_2和水蒸气等气体的释放，氧化石墨也发生了还原反应，最后制备得到石墨烯。2006年，Schniepp等人[53]采用热还原剥离法制备石墨烯，研究表明：如果温度小于500℃，所得到石墨烯的C和O的原子个数比小于7，但是如果温度继续升高到750℃，石墨烯的C和O的原子个数比可以达到13。随后McAllister等人[54]报道了用该方法制备得到石墨烯，结果表明热还原法的还原温度对氧化石墨的还原程度影响较大。

相比较于化学还原、热还原以及光催化还原，电化学还原在实现氧化石墨烯有效还原的同时，具有反应条件简单、容易控制、绿色无污染等特点。它是在外加电场作用下，在一定的电解质溶液中，将氧化石墨烯还原而得到石墨烯的方法[56-62]。文献报道的电化学还原的方法主要可分为两类：直接电化学还原和修饰电极的电化学还原。前者是在GO水溶胶中直接引入外部电场，电源的正负极直接做电解池的阳、阴极；后者则是先用氧化石墨烯对选定的电极进行修饰，而后用经修饰的电极作为电解池的阴极，在特定电解质溶液中对其进行还原。Sung等[56]通过电泳沉积方法（EPD）在进行氧化石墨烯薄膜沉积的同时也检测到了氧化石墨烯的直接还原，其做法是：室温下，GO溶于水并超声2h，得到GO分散液。通过EPD过程，在200目的不锈钢基底上得到了EPD-GO膜。GO的浓度和直流电压分别是1.5mg/mL和10V，沉积时间为1~10min。Zhou等[57]将涂覆有石墨氧化物的基底（如石英）置于磷酸盐缓冲溶液中（pH=4.12），将工作电极（玻碳电极）直接与7μm厚的氧化石墨烯膜接触，控制扫描电位从-0.6V至-1.2V进行线性伏安扫描，即可将氧化石墨烯膜还原成石墨烯。

电化学还原法在石墨烯制备中的应用尽管得到了越来越多的关注，但由于其过程本身的复杂性及其石墨烯材料的新颖性，使得关于电化学还原法制备石墨烯的研究还很不完善。目前为止，其过程具体的反应机理并无定论，这就使得通过此法制备石墨烯缺乏理论依据，也不利于此制备技术进一步的改善和发展。Zhou等[57]在FFC反应机制的基础上提出了电化学还原氧化石墨烯的反应机理：

$$GNO + aH^+ + be^- \rightarrow ER\text{-}GNO + cH_2O \qquad (1.2.1)$$

并认为此机理可解释在不同电解质中实现氧化石墨烯的还原，如 k-PBS，HCl，H_2SO_4，NaOH，KCl等。在此反应机理下，H^+起了关键的作用。Sung等[56]在采用电化学沉积法进行氧化石墨烯的同时，在阳极所得氧化石墨烯薄膜检测到了明显的还原，这与其他文献中氧化石墨烯的还原发生在阴极上矛盾，其给出反应机制是：

$$RCOO\text{—} \rightarrow RCOO \cdot +e^- \qquad (1.2.2)$$

$$RCOO \cdot \rightarrow R \cdot + \cdot CO_2 \qquad (1.2.3)$$

$$2R \cdot \rightarrow 2R\text{-}R \qquad (1.2.4)$$

但是此反应机理仅能比较合理地解释—COOH的去除，而不能解释其他含氧基团是否被还原以及以何种形态被还原。电化学还原还需要进一步深入研究，本书在第4章中将详细介绍我们在电化学制备石墨烯方面所开展的工作。

1.3 石墨烯衍生物

石墨烯的优异性质在引来众多关注的同时，其实用化进程也受到了人们的极大重视。但是，单纯的石墨烯材料目前要获得实际应用还存在着一些障碍，如单层的石墨烯没有能带，需要对其调控能隙才能实际用于电子器件；石墨烯表面能较高，容易发生团聚以及在溶剂中的分散性较差等诸多限制因素。

通过改变空间构型、调控电子结构及进行功能化处理等制备新型的石墨烯衍生物，对综合利用石墨烯众多优异性质与拓展其应用领域具有极其重要的意义。

常见的石墨烯衍生物有两类，第一类是石墨烯直接衍生出来的材料，如石墨烯量子点[58, 59]、石墨烷[60]、氟化石墨烯[61]、氧化石墨烯[62]与掺杂石墨烯[84-97]；第二类是以石墨烯为基本结构单元构建成的宏观有序结构，如石墨烯薄膜/纸[75-79]、三维网络石墨烯[80, 81]与石墨烯纤维[82, 83]等。下面对几种主要石墨烯衍生物分别进行介绍。

1.3.1　氧化石墨烯

1.3.1.1　氧化石墨烯结构

氧化石墨烯可视为氧化石墨被剥离后的产物，厚度仅为一个原子层，约为1~1.4nm[62, 63]，它是最常见的一种石墨烯衍生物。原子力显微镜分析结果表明，置于高取向石墨基片上的氧化石墨烯具有纳米尺度的褶皱[64, 65]。Paredes等人研究表明[64]氧化石墨烯具有球状凸起形貌，球状凸起的直径位于5~10nm。

氧化石墨烯还可以视为石墨烯片内和边缘处被含氧功能团修饰后的结果[64]，主要包括羟基、羰基、羧基和环氧基[66]。Mkhoyan等人[67]借助透射电子显微镜，采用高分辨率环形暗场法研究了氧化石墨烯内部氧原子的分布情况。研究结果表明，氧化程度存在纳米尺度的起伏，说明氧化石墨烯内部含有纳米尺度的sp^2和sp^3杂化区域。其他小组[68, 69]利用扫描隧道显微镜研究氧化石墨烯的表面状态，观测到了含有严重缺陷的区域，原因可能是官能团的存在和其他不完整的区域。Pandey等人[70]研究了氧化石墨烯内的氧化区域，观测到了跨度为数纳米，周期性排列的氧原子，氧原子呈矩形排列，说明环氧基以条状的形式存在，依据密度泛函原理，环氧基的这种排列方式极其有利。

1.3.1.2　氧化石墨烯性能

与石墨烯相比，氧化石墨烯仍然具有石墨烯二维拓扑结构和良好的机械力学性能。另外，氧化石墨烯还有着一系列原始石墨烯没有的优异性能，如良好的溶液分散性[71, 72]与光致发光[73]等。

纳米压痕法测试原始石墨烯模量为1.0TPa，断裂强度为130GPa。氧化石墨烯中的结构缺陷给它的力学性能带来一定程度的降低。Gomez等[73]采用相同的纳米压痕法测试发现，化学还原后单片氧化石墨烯还保持0.25TPa的平均弹性模量（标准偏差为0.15TPa）。

另外，氧化石墨烯还具有良好的溶液分散性，这是由于其表面有大量含氧官能团。这些含氧官能团减弱了石墨烯中共轭结构的范德华力，同时与溶剂小分子间有很强的溶剂化作用。因此，氧化石墨烯在水和众多极性溶剂中表现出良好的分散性。

石墨烯的宏观材料组装往往是在液相条件下进行的，然而纯净的石墨烯表面缺乏官能团，难于在溶液体系中稳定分散并进一步组装。与石墨烯相比，氧化石墨烯具有良好的分散性与易加工成型性，常作为起始原料制备石墨烯基新型组装结构。这也是氧化石墨烯作为石墨烯应用推广中重要衍生物的主要原因。

1.3.2　石墨烯薄膜/纸

石墨烯本身的二维结构特征对形成宏观二维材料有着天然的结构优势。石墨烯在表面极易组装成二维薄膜/纸材料，这也可能是石墨烯二维宏观材料最先开展研究的原因。

Ruoff研究小组[74]利用抽滤的方式，在溶液定向流动过程中进行组装制备得到了氧化石墨烯薄膜/纸宏观结构，见图1.7。他们首先使氧化石墨在水溶液中完全剥离，得到分散性很好的氧化石墨烯溶液，然后对氧化石墨烯溶液进行真空抽滤，将其干燥后即可得自支撑的氧化石墨烯薄膜/纸状材料，所得薄膜厚度为1 ~ 30μm，并呈现出其水溶液的深棕色，在厚度大于5μm后几乎为黑色，该氧化石墨烯薄膜/纸状材料具有很好的柔韧性与高的机械强度。

　　Chen研究小组[75]利用加热氧化石墨烯水溶胶，以石墨烯片层在液体/空气界面自组装的方式制备了半透明且规整性好的氧化石墨烯薄膜/纸状材料，见图1.8。与真空抽滤的方式相比，该方法更为简单且易于推广，可节约时间并降低能耗，有利于大规模生产制备。

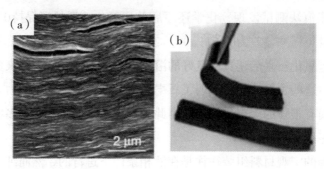

图1.7　利用抽滤方法得到的氧化石墨烯电子照片及横截面的扫描电子照片[74]

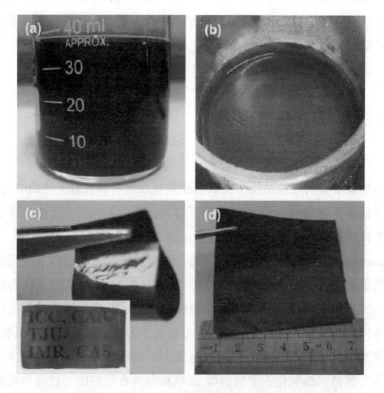

图1.8　利用石墨烯片层自组装的方式得到的石墨烯薄膜/纸状材料[75]

Watcharotone等[77]则采用旋涂方法制备得到了氧化石墨烯薄膜，再经由化学还原和热处理得到了石墨烯薄膜，证实了它是一种优良的透明电极材料。

综上所述，石墨烯薄膜的制备方法大多是首先利用由水溶性较好的氧化石墨烯通过真空抽滤[74]、旋涂[77]或气液界面自组装[76]等技术形成氧化石墨烯薄膜，再利用后期还原技术进一步还原制得的。目前，"成膜+还原"已经发展成为石墨烯薄膜的主要制备方法。然而，"成膜+还原"技术存在一些缺点，如在利用真空抽滤成膜时，时间较长，耗能大；薄膜在后期还原时耐水性差，不易液相还原；热还原时官能团分解，导致薄膜不稳定等。另外，在石墨烯薄膜的制备过程中，不仅"成膜"与"还原"过程本身存在一些问题，而且将它们分开研究也使得整个制备过程烦琐复杂，不利于其推广使用。在本书第4章中，我们提供了一种将氧化石墨烯的成膜过程与还原过程同时完成制备石墨烯薄膜的方法，该方法操作简单，绿色环保，而且所制得的石墨烯薄膜用作柔性电极材料时具有优异的电化学性能[78]。

1.3.3　三维网状石墨烯

石墨烯是一种二维材料，表面能较高，容易发生团聚，与它相比，三维网状石墨烯稳定性好，比表面积大且利用率高。

Cheng研究小组[79]首次采用兼具平面和曲面结构等特点的泡沫金属作为石墨烯的生长基底，利用CVD方法制备出了具有三维连通网络的石墨烯材料，三维石墨烯的电子照片与SEM图见图1.9。这种石墨烯体材料完整地复制了泡沫金属的结构，片层以无缝连接的方式构成一个全连通的整体，并且具有优异的电荷传导能力、大的比表面积、高的孔隙率和极低的密度。这种方法可控性好，易于放大，通过改变工艺条件可以调控石墨烯的平均层数、石墨烯网络的比表面积、密度和导电性，为具有特定结构、性能和应用的石墨烯三维体材料的制备提供了一个新思路。

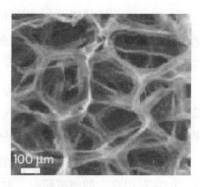

图1.9　三维石墨烯的电子照片与SEM图[80]

　　另一种常见的制备三维网络石墨烯的方法是水热法，Shi等[80]首次利用水热法一步合成具有三维网络结构的石墨烯，他们将氧化石墨烯水溶液于180℃条件下进行水热反应，氧化石墨烯在反应过程中缓慢还原，增强的π–π相互作用使还原后的石墨烯互相搭接形成三维网络结构。所制备的三维网络石墨烯具有较高压缩模量、良好导电性与高的孔隙率。将该材料用作超级电容器电极材料，比电容可以达到175F/g。

1.3.4　石墨烯纤维

　　一维结构碳材料比较著名的是碳纳米管和碳纤维，近年来，随着科学家对于石墨烯组装技术的摸索，也发现二维结构的石墨烯可以组装成类似一维结构的石墨烯纤维和石墨烯纳米卷等材料。

　　Gao等人[81, 82]报道了基于石墨烯氧化物溶胶的手性液晶特性，采用湿法纺丝的方法制备出了氧化石墨烯纤维，经过化学还原后获得高强度、高导电性的石墨烯纤维，该纤维具有高孔隙率、高强度、低密度、良好的导电性和柔韧性等特点，并可打成结或编织成网状结构。石墨烯纤维的电子照片图及表面形貌与打结后的SEM图如图1.10所示。

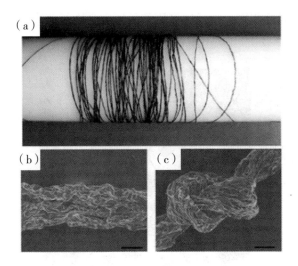

图1.10　石墨烯纤维的电子照片图（a）及表面形貌与打结后的SEM图（b，c）

1.3.5　氮掺杂石墨烯

化学掺杂是一种有效裁剪或者调控石墨烯性质，拓展其应用领域的常用方法。在众多掺杂剂中，N原子与C原子的原子半径近似，其可以提供电子，以取代的方式和石墨烯进行掺杂，制备的N掺杂的石墨烯表现出许多优异性能，在传感器、燃料电池、超级电容器等领域有广阔的应用前景。

N掺杂石墨烯的制备方法主要有化学气相沉积（CVD）法[83]、分离生长[84]、电弧放电法[85]、热处理[86]等方法。在制备氮掺杂石墨烯的方法中，氨气[87]、乙腈[88]、吡啶[89]、三聚氰胺[90]等含氮化合物及氮等离子体[91]常作为氮源使用。

Pasupathy的研究小组[92]利用CVD法在氨气氛围中制备了氮掺杂石墨烯，并首次以STM观察到了石墨烯平面的掺杂氮原子，如图1.11所示。研究发现，在石墨烯的平面上，单个氮原子取代碳原子的位置，每个氮原子提供的额外电子，有一半分布在整个石墨烯晶格上，且氮原子对石墨烯电子结构的改变只限定在局部范围，在远离氮原子的地方又恢复原来碳六元环的结构。

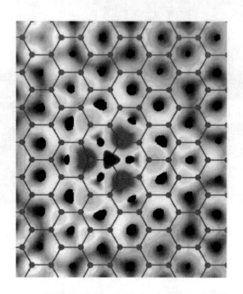

图1.11　氮掺杂石墨烯中氮原子的结构模拟图[92]

Wei等人[93]以H_2-Ar（体积比为1∶5）为载气，CH_4和NH_3（体积比为1∶1）分别作为C源和N源，利用CVD法，在覆有铜膜（25nm厚）的硅片基底上制备出只有少数层数的N掺杂的石墨烯。然而化学气相沉积法制备N掺杂石墨烯成本较高，反应条件苛刻，不能满足大量制备N掺杂石墨烯的需要。溶剂热法[95]制备N掺杂的石墨烯，其方法简单、易操作、成本低，适合大规模生产N掺杂的石墨烯，受到广大科学研究人员的青睐。

Su等人[95]以尿素作为还原剂和N掺杂剂，将GO和尿素在温和条件下水热反应制备得到N掺杂的石墨烯。通过调节GO和尿素的比例，得到不同N含量的石墨烯。结果表明：当N原子分数为7.5%时，N掺杂的石墨烯构建的超级电容器的性能最佳。

Jiang等人[96]将GO和浓NH_3在不同温度下进行水热反应12h制备N掺杂的石墨烯。结果表明：180℃水热反应12h得到的N掺杂的石墨烯含氮量最高，为7.2%，掺杂的N表现出较好的热稳定性。与纯的石墨烯相比，N掺杂的石墨烯表现出更高的电容性能。

1.4 石墨烯及其衍生物的应用

1.4.1 超级电容器

碳材料是最早应用于超级电容器的电极材料，到目前为止，应用于超级电容器的碳材料主要有：炭气凝胶、活性炭、碳纳米管和多孔碳等[97]。石墨烯是一种新型炭材料，它可以看作是完全剥离的单层石墨，由于其具有高的比表面积，良好的导电性，被认为是一种理想的超级电容器电极材料。

2008年，Stoller等人[98]用水合肼还原氧化石墨烯，制备得到了石墨烯材料，测得其比表面积高达705m²/g。以该石墨烯作为电极材料，组建超级电容器，并分别在水系电解液和有机电解液中测试其电容性能。测试结果表明：其在水系与有机系中的比电容分别为135F/g和99F/g。

通过对石墨烯进行活化、掺杂处理或对其空间结构进行调控则可以进一步提高其电化学电容性能。

如Ruoff等人[99]用KOH对石墨烯进行活化，活化的石墨烯比表面积可以高达3100m²/g，将活化石墨烯应用于超级电容器中，发现其比电容为170F/g，能量密度如果按照活性材料计算可达70Wh/kg，按整体电容器能量密度计算则在20Wh/kg左右。

Sun等人[100]用水热法对石墨烯进行掺杂，制备得到了N掺杂的石墨烯（NGS）材料，该材料具有高的比表面积（593m²/g），而且含氮量高达10.13%。将其用作超级电容器电极材料，用三电极法对其电化学性能进行测试，结果表明：当电流密度为0.2A/g时，电极材料的比电容高达326F/g。组装成的电容器在功率密度为7980W/kg时，能量密度高达25.02Wh/kg。经过2000次充放电循环以后，该电极的库仑效率高达99.8%。

Shi等人[80]利用真空冻干辅助水热法得到了三维网状的石墨烯，将该石墨烯用作电极材料，利用两电极系统对其进行电化学性能测试，结果发现：该体系的比电容在电流密度为1A/g条件下可达160F/g，这归因于三维网络石墨烯片层中开放的大孔结构。该孔洞结构为电解质离子提供了良好的通道。

然而，单纯石墨烯作为电极活性材料的电容仍然较低，为了提高其能量密度，最近研究者们提出了一种新的方法：设计锂离子电容器。锂离子电容器，又叫混合电容器，这种混合电容器结合了超级电容器的优点（具有较快的充放电速度和较长的循环使用寿命）和电池的特点（较高的能量密度）。目前这一种混合电容器的研究已经逐渐成为超级电容器研究的一个热点。在本书第6章，我们利用制备得到的石墨烯衍生物设计并组装了锂离子电容器，并对它的性能进行了详细研究。

1.4.2　锂离子电池

目前，应用于锂离子电池负极材料的研究主要集中在：复合材料、碳质材料和合金材料。其中，碳质材料是最早应用于锂离子电池并实现规模化生产的材料，至今仍然是科研工作者研究的重点。石墨烯作为一种新型碳材料，在锂离子电池的领域有潜在应用。

Yoo等人[101]首次报道了石墨烯用于锂电池负极的工作，发现其可逆容量可以达到540mAh/g，高于石墨电极的理论可逆容量（372mAh/g）。他们所利用的石墨烯层数为10～20，是利用单层石墨烯组装得到的，这种组装后的石墨烯片层层间距要大于天然石墨，因此更有利于锂的嵌入和脱出。

Pan等人[102]利用不同的还原方法制备了缺陷状态不同的石墨烯电极，研究了其缺陷和电极可逆容量的关系。研究表明，利用高能电子束还原的石墨烯电极缺陷较多，可逆容量为1054mAh/g；而在600℃下还原的具有较少缺陷的石墨烯，其可逆容量仅为794mAh/g，可见，缺陷的存在可以增加石墨烯电极的锂原子容量。

1.4.3 燃料电池

燃料电池是把化学能直接转换为电能的一种能源转换装置，具有能量转化效率高、污染小、所用燃料广泛(甲酸、甲醇、乙醇)、结构简单与体积小等各种优势。燃料电池最核心的组成部分就是促进燃料氧化和还原反应的电化学催化剂。研究表明：催化剂载体对燃料电池电催化剂的催化性能有重要的影响。催化剂载体的微观结构和其本身的物理化学性质，比如比表面积、导电性和表面官能团都会显著地影响着催化剂纳米粒子和催化剂载体之间的相互作用，从而影响燃料电池电催化剂的催化性能。石墨烯由于其巨大的比表面积、良好的导电性和化学稳定性有利于电活性物质和电子的传递，被认为是很有应用前景的一种催化剂载体。

Kou等人[103]以石墨烯为载体，在其表面负载Pt纳米粒子，得到了Pt/石墨烯催化剂，并测试其催化氧化甲醇的性能，结果表明：得到的催化剂氧化还原性能远远优于商用Pt/C催化剂。

Maiyalagan等人[104]用脉冲电化学沉积法将Pt纳米粒子沉积到石墨烯片层交叉连接形成的三维石墨烯载体上，通过控制电化学沉积电位和沉积时间，得到Pt/石墨烯催化剂，并测试其在酸性介质中催化氧化甲醇的电催化性能。结果表明：碳材料的表面和结构对Pt纳米催化剂的形貌和尺寸有强烈的影响。与普通石墨烯作为载体相比，三维的石墨烯纳米材料具有大的比表面积、高导电性和三维相连接的多孔结构，以其为载体能提高电催化剂催化氧化甲醇的性能。

与石墨烯相比，氧化石墨烯具有非常丰富的官能团，以及更多结合位点。这使得其容易在溶液相中共混，并原位负载金属纳米颗粒。Chen等人[105]将氧化石墨烯水溶液和K_2PdCl_4水溶液混合，冰浴，剧烈搅拌，制备得到Pd/GO催化剂。与传统的Pd/C催化剂相比较，Pd/GO催化剂催化氧化甲酸和乙醇表现出更高的电催化活性。

此外，石墨烯及其衍生物还在生物医药[106, 107]、电子器件[108]、环境保护[109]、超灵敏传感器[110, 111]等领域具有广泛的应用。

1.5　研究目的与研究内容

1.5.1　研究目的

自2004年被成功制备以来，石墨烯优异的电学、力学、光学、热学性质被相继发现，在微电子、储能器件、复合材料、导热材料、导电添加剂等诸多应用领域备受关注。但是，目前在石墨烯的制备、组装以及掺杂方面还存在一系列需要解决的问题。

（1）石墨烯的制备方面：氧化还原法是目前公认的可以实现石墨烯大规模制备最经济的方法。氧化石墨的剥离是该方法中的关键步骤，但是有关研究少见报道，探索一种新的绿色简单的剥离方法对石墨烯的制备与推广具有重要的意义。

（2）石墨烯的组装方面：石墨烯是一种微纳米粉体材料，在实际使用中，需将其单片的优越性能转化为宏观材料的性能，才能真正体现它的价值。所以组装具有一定空间构型的石墨烯衍生物是现在石墨烯产业化发展的关键。

（3）石墨烯的掺杂方面：掺杂可以改变石墨烯的电子结构，拓展其应用领域。对石墨烯的掺杂过程进行详细研究，对制备性能优异的石墨烯衍生物材料具有重要的指导作用。

1.5.2　研究内容

本书围绕石墨烯制备、组装、掺杂等过程中存在的相关问题开展研究，制备得到了一系列具有新型结构与优异性能的石墨烯衍生物，并对所制得的衍生物进行电化学性能分析，具体内容如下。

（1）建立一种利用脉冲电场剥离氧化石墨的方法。系统研究了反应时间、峰峰电压、电场频率与电极间距对氧化石墨剥离效果的影响，并用热力学原理对氧化石墨的电场剥离机理进行了研究。剥离产物氧化石墨烯是最常见的石墨烯衍生物，也是石墨烯及其衍生物的廉价前驱体，该章节为后续的氧化石墨烯还原自组装研究提供了基础。

（2）探索研究了一种可以同时制备不同空间构型石墨烯衍生物的方法。即在氧化石墨烯的电化学还原过程中，通过调控工艺参数，使其在电极上以不同的形貌（枝晶状与沉状）沉积组装，最终获得不同空间构型（三维或二维）的石墨烯衍生物。在此过程中，分别对氧化石墨烯的电化学还原机理以及其电沉积组装过程进行了研究，并对制得的二维或三维的石墨烯衍生物进行详细的电化学性能研究。

（3）以氨作为还原剂和氮掺杂剂与氧化石墨烯进行水热反应，通过真空冻干方法辅助，得到了氮掺杂的三维网状石墨烯材料（N-G）。反应过程中研究了不同反应时间氧化石墨烯的还原与掺杂情况。对制备的N-G的三维多孔网络结构进行表征，并通过循环伏安法、恒流充放电和交流阻抗法研究该三维多孔电极材料的电容性能。

（4）设计并组装了基于N-G的高比能量水系混合型电化学电容器。该电容器用锰酸锂作正极材料，N-G作负极材料，2M $LiNO_3$作电解液。该电容器充放电过程主要依靠Li离子分别向两个电极嵌入/脱出或者是吸附/脱附来实现。研究了正负极材料的析氧析氢电位，并对组装好的电容器进行了详细的电化学性能研究。

1.6 本书的创新之处

（1）首次提出了一种新的剥离氧化石墨的方法——脉冲电场剥离法，该方法与现有的方法相比，对剥离产物氧化石墨烯的横向尺寸破坏较小，而且绿色环保，对环境无污染。

（2）探索研究了一种可以同时制备不同空间构型的石墨烯衍生物的方法。在此过程中，首次发现并制得了石墨烯枝晶，这对制备具有新型结构的石墨烯衍生物具有重要的探索意义。

（3）设计并组装了一种新型水系混合电化学电容器。该电容器用锰酸锂作正极材料，N–G作负极材料，2M LiNO$_3$作电解液。其能量密度（22.15Wh/kg）是普通对称型电容器（6.25Wh/kg）的3倍。

第2章 实验材料与表征方法

2.1 实验试剂

表2.1列出了材料制备及表征所用的实验试剂以及其他材料的名称、规格以及供应商。

表2.1 实验所需主要试剂与其他材料

品名	规格	供应商
氧化石墨	5μm	常州第六元素材料有限公司
板状铜电极	250mm × 250mm × 1mm	苏州正华铜业有限公司
氨水分析纯	AR	上海国药集团化学试剂有限公司
板状石墨电极	250mm × 250mm × 1mm	上海摩扬电碳有限公司
硝酸锂分析纯	AR	上海国药集团化学试剂有限公司
锰酸锂	99.8%	湖南瑞翔新材料股份有限公司
氯化钾分析纯	AR	上海国药集团化学试剂有限公司
氢氧化钾分析纯	AR	上海国药集团化学试剂有限公司

2.2　实验仪器

表2.2列出了材料制备及表征所用的实验仪器的名称、型号以及生产厂家。

表2.2　材料制备及表征所用的实验仪器

仪器名称	型号	生产厂家
电子分析天平	XS105	瑞士梅特勒公司
信号发生器	DG1022	北京潽源Rigol上海分公司
示波器	DS1052E	北京潽源Rigol上海分公司
功率放大器	HEA–1000	南京佛能科技实业有限公司
干燥箱	XMTD–8222	上海精宏实验设备有限公司
超声波清洗机	KQ–500B型	昆山市超声仪器有限公司
超声波清洗机	DL–1400E	上海之信仪器有限公司
金相显微镜	BX–02	上海光学仪器一厂
恒温磁力搅拌器	03–2	上海右一仪器有限公司
四探测试仪	SZT–2A	苏州同创电子有限公司
反应釜	STK4–KH25	济南恒化科技有限公司
粉末压片机	769YP–40C	天津市科器高新技术公司
电化学工作站	CHI660E	上海辰华仪器有限公司
恒流充放电仪	CT2001A	武汉蓝电电子有限公司
振荡器	IKA VORTEX	上海百典仪器设备有限公司
便携式pH计	PHB–4	上海荆和分析仪器有限公司
真空冻干仪	ALPHR 1–2 LD	北京博励行仪器有限公司

2.3 样品表征

2.3.1 X射线衍射仪（XRD）

X射线衍射仪（X–Ray Diffraction，XRD）可以测定物质的晶体结构、织构及应力，进行物相分析、定性分析、定量分析。其工作原理为：X射线的波长和晶体内部原子面之间的间距相近，晶体可以作为X射线的空间衍射光栅，即一束X射线照射到物体上时，受到物体中原子的散射，每个原子都产生散射波，这些波互相干涉，结果就产生衍射。衍射波叠加的结果使射线的强度在某些方向上加强，在其他方向上减弱。分析衍射结果，便可获得晶体结构等相关信息。

本书用 Rigaku 公司生产的D/max 2550VB3+/PC 型X射线衍射仪测定物质的晶体结构和物相。采用Cu K α 线（λ=15.4056nm），测试角为5°~80°，扫描速度为5°/min。根据布拉格公式（$2d\sin\theta=n\lambda$）可以计算层间距d。

2.3.2 扫描电子显微镜（SEM）

场发射扫描电子显微镜（Field Emission Scanning Electron Microscope，FESEM）可以用于观察材料的表面形貌，其原理是：聚焦电子束在样品上扫描时激发的某些物理信号（如二次电子），来调制一个同步扫描的显像管在相应位置的量度而成像。扫描电镜一般包括电子光学系统、真空系统、电器系统和信号检测系统四部分。如果配置能谱仪，则还包括特征X射线处理系统。

本书采用FEI 公司Quanta 200 FEG型场发射扫描电子显微镜FESEM。自带能量色散X射线谱仪EDS（Energy Dispersive Spectroscopy）。加速电压

500V~30KV，放大倍数可达十万倍，在高真空镀金的条件下观察样品的形貌及状态，能谱仪对样品进行元素成分分析。

2.3.3　透射电子显微镜（TEM）

透射电子显微镜（Transmission Electron Microscope，TEM），简称透射电镜，是把经加速和聚集的电子束投射到非常薄的样品上，电子与样品中的原子碰撞而改变方向，从而产生立体角散射。散射角的大小与样品的密度、厚度相关，因此可以形成明暗不同的影像。

本书采用JEOL公司JEM-2010F型高分辨透射电镜（High Resolution Transmission Electron Microscope，HRTEM），可以用来分析样品的形貌、组成及晶体结构；也可以进行选区电子衍射SAED（selected area electron diffraction）；还可以观察样品的晶格条纹，所得图像可以实现快速傅里叶变换FFT(Fast Fourier Transformation)。测试条件为高真空，加速电压为200kV，样品台为铜网支撑的碳膜。

2.3.4　紫外-可见吸收光谱（UV-Vis）

紫外和可见吸收光谱（ultraviolet and visible spectroscopy，UV-VIS）是由分子的价电子或外层电子跃迁产生的，统称为电子光谱。电子光谱的波长范围为（10~800nm），该波段又可分为：可见光区（400~800nm）、近紫外区（200~400nm）和远紫外区（10~200nm）。

紫外光谱遵守朗伯—比尔定律，该定律指出：被吸收的入射光的分数正比于光程中吸收光物质的分子数目，可用式（2.3.1）表示：

$$A = \log \frac{I_0}{I_1} = \log \frac{1}{T} \varepsilon \times c \times l \qquad (2.3.1)$$

式中，吸光度A（absorbance），表示单色光透过溶液被吸收的程度，为入射光强度I_0与透射光强度I_1比值的对数；透光率也称为透射率，为透射光强度与入射光强度的比值的对数；l为光在溶液中经过的距离，一般为吸收池的厚度；ε为摩尔吸光系数。

本节采用的仪器是布鲁克（BRUKER）生产的EQUINOXSS/HYPERION2000型紫外光谱仪，光谱范围为：200~700cm^{-1}。

2.3.5 原子力显微镜（AFM）

原子力显微镜（Atomic Force Microscope，AFM）利用微悬臂感受和放大悬臂上尖细探针与受测样品原子之间的作用力，从而达到检测的目的，具有原子级的分辨率。由于原子力显微镜既可以观察导体，也可以观察非导体，从而弥补了扫描隧道显微镜的不足。

本节中采用的是日本精工SII公司生产的SPA-300HV型原子力显微镜。

2.3.6 拉曼光谱（RM）

拉曼光谱（Raman spectra，RM）是一种散射光谱，是光与物质相互作用的一种形式，其实质是光子和散射物质中粒子之间的非弹性碰撞。拉曼散射光谱在研究物质结构，特别是晶体结构与相变以及分子振动、转动光谱方面是一种非常有力的分析和研究手段。

本节采用的仪器是法国LABHR-UV型拉曼光谱仪。用来测试的激发光波长是514.5nm，测量光斑大小为微米量级。

2.3.7　X射线光电子能谱（XPS）

　　X射线光电子能谱（X-ray Photoelectron Spectroscopy，XPS）是目前最广泛应用的表面分析方法之一，主要用于成分和化学状态分析。一定强度的X射线和物质相互作用，可以将原子中的电子激发成为自由电子；根据测得的光电子动能可以确定表面存在什么元素以及该元素原子所处的化学状态。

　　本节中所采用的仪器型号为美国热电公司的ESCALAB 250Xi。利用Al Kα X射线作光源，分析束斑大小为20μm。

第3章 氧化石墨电场剥离方法研究

3.1 概述

石墨烯是由碳原子紧密堆积成的二维蜂窝状晶格结构，可作为其他碳质材料（金刚石、石墨、碳纳米管等）的基本组成单元。作为碳材料的一种新型同素异形体，石墨烯已经引起了全世界的研究热潮。石墨烯独特的结构赋予了其优异的物理和化学性能[9-22]，如优异的力学性能（弹性模量1TPa），优异的导电性和导热性[室温下电子迁移率可达$2 \times 10^5 cm^2/$（V·s），导热系数高达5300W/（m·K），极大的比表面积（2675m^2/g）等。石墨烯的制备方法有很多，其中，氧化还原法被认为是成本最低、最可能规模化的一种。氧化石墨的剥离是氧化还原法制备石墨烯的关键步骤，探索一种绿色、简单高效的剥离方法，对石墨烯的大规模制备以及应用推广具有重要的意义。

在氧化石墨的剥离过程中，剥离对象为三维氧化石墨，剥离产物包括单层、多层氧化石墨烯和层数相对较少的氧化石墨。剥离对象与产物之间以范德华力的方式相连，剥离产物氧化石墨烯具有极大的比表面积，易团聚。所以剥离过程中往往将剥离对象分散于液体介质，然后通过剥离手段将其剥离，液体介质可以阻止氧化石墨烯的再次团聚。氧化石墨的剥离过程如图3.1所示。

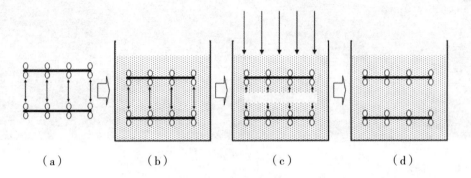

（a）　　　　　　　（b）　　　　　　　（c）　　　　　　　（d）

图3.1　氧化石墨的剥离过程图

图3.1（a）为氧化石墨层状结构示意图，其中黑色直线代表三维天然石墨的基本结构单元：石墨烯；双向箭头表示两个片层之间的范德华力；空心圆表示氧化过程中形成的化学基团。图3.1（b）表示氧化石墨与液体介质形成的剥离体系，黑色斑点用于指示液体介质。图3.1（c）描述了片层间的相互作用力在外力的作用下（顶部的单向箭头）被破坏的瞬间。图3.1（d）表示片层间的相互作用力被破坏后的状态。

3.2　氧化石墨电场剥离方法研究

3.2.1　剥离思路

电场具有作用范围广、强度高等特点，常被用来移动和分离微观粒子[112, 113]、捕获纳米颗粒[115]、排列纳米物质[115]与对小分子材料进行加工[116]等。另外，据相关报道，处于电场作用下溶液中的微粒，伴随着片层与电场方向之间角度的变化，电场力可能引起片层之间的分离或者吸引。当片层与电场力平行时，片层之间易分离；当片层与电场力垂直时，片层之间易吸引[118]。我们将氧化石墨溶于去离子水中，并将该水溶液置于电场作用下，利用光学显微镜对氧化石墨颗粒进行原位观察。结果发现：氧化石墨颗粒在外电场作用下，会发生定向排列的现象，而且片层方向与电场力方向平行（如图3.2所示），该现象表明氧化石墨具备电场剥离的可行性。在本章中，我们对氧化石墨颗粒的电场剥离方法进行研究。

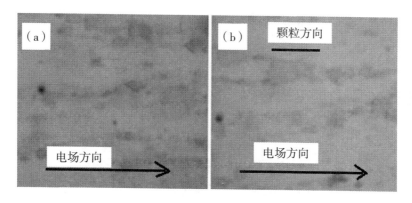

图3.2　氧化石墨颗粒在电场中的排布情况

在氧化石墨的电场剥离实验中，如果在其溶液两端加载一个直流电信号，氧化石墨颗粒将会迅速沉积到阳极，这是由于其表面含有带负电荷的含氧官能团，在外电场作用下会发生电泳现象导致的，这种电泳现象不利于颗粒剥离。所以在本实验中，我们在氧化石墨的两端加载一个交变电信号——正负脉冲对称电信号。"脉冲"从字面上看，含有"短促"的意思，随着技术的发展，"脉冲"已经推广到时间并不是很短的波形。另外，"脉冲"所指的波形也已经推广到一切非正弦波形，在本书中我们所选的脉冲波形为方波，方波的加载会使电场在改变方向的瞬间电流就达到最大值，加大电场对氧化石墨颗粒的作用力。"正负对称电信号"（如图3.3所示）是为了给氧化石墨提供一个电场方向不断变换的作用环境，其在两电极之间移动距离相等，不再发生电泳沉积现象，辅之以惰性电极的使用，氧化石墨颗粒可以长时间在两电极之间接受电场力的作用。

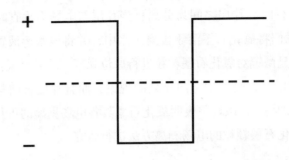

图3.3   氧化石墨溶液两端加载的正负脉冲对称电信号波形

3.2.2   剥离度表征

当给定氧化石墨剥离手段时，剥离度是对剥离手段效率的一种度量，剥离效率（简称剥离率）反应了将"氧化石墨"剥离为"氧化石墨烯"的能力。

剥离产物氧化石墨烯由于结构中含有氧官能团，使得其具有很强的亲水性，从而均匀分散在上层清液中。规定特定浓度氧化石墨完全剥离成氧化石墨烯溶液时的浓度为C，相同浓度下的氧化石墨溶液部分剥离得到的溶液浓度为$C_{部}$，则剥离率$E_{剥}$可表示为：

$$E_{剥} = C_{部}/C \times 100\% \tag{3.2.1}$$

利用AFM表征只能得到特定剥离产物的尺寸和厚度等信息，所以氧化石墨颗粒的剥离率一般利用紫外方法[119]进行表征。在样品数量庞大的情况下，利用紫外方法制样和表征都需要很大的工作量，为了能够简单方便地对剥离率进行表征，本书提出了另外一种方法——灰度表征法，下面对灰度表征法与紫外表征法分别进行介绍，并根据标准溶液的紫外表征结果对灰度表征法进行验证。

3.2.2.1　紫外表征

（1）测定原理

根据公式（3.2.1），可以通过测量上清液的浓度，推算氧化石墨的剥离程度。而上清液浓度的测量，可以采用紫外可见光吸光度法中的标准曲线法测量。上清液的主要成分为氧化石墨烯，氧化石墨烯芳环上的C—C键在紫外可见光照射下会发生 $\pi \rightarrow \pi^*$ 电子跃迁，产生的吸收峰在230nm处，所以选择该峰作为氧化石墨烯浓度测试的检测峰。

（2）配置标准溶液

取配制好的氧化石墨溶液50mL（1mg/mL），利用超声方法对该溶液进行剥离，剥离至一定时间后离心（3000r.p.m，30min），若发现溶液未出现沉淀，这时候可认定其为浓度1mg/mL的标准氧化石墨烯溶液，以它为基准再配制不同浓度的氧化石墨烯溶液分别为0.1mg/mL，0.2mg/mL，0.3mg/mL，0.4mg/mL和0.5mg/mL。稀释25倍后，实际测量的氧化石墨烯溶液的浓度分别为0.004mg/mL，0.008mg/mL，0.012mg/mL，0.016mg/mL和0.020mg/mL。

（3）绘制标准曲线

将上述稀释液做紫外可见光光谱分析，以紫外吸收强度值为纵坐标、溶液浓度为横坐标，利用Origin软件进行线性拟合得到下图：

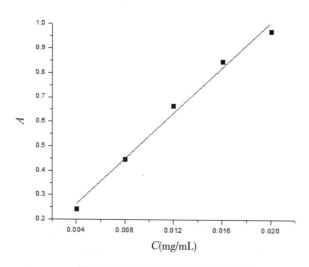

图3.4　经过拟合后的紫外标准曲线

根据拟合后的直线可得到回归方程：$A=0.0775+46.475C$。

（4）根据标准曲线进行计算

将氧化石墨剥离后得到的溶液稀释合适的倍数，使其在紫外光谱中的吸光度值位于0.2～0.8，根据标准曲线中的吸光度值计算出测量浓度，并结合稀释倍数计算得到样品浓度$C_部$，最后根据公式（3.2.1），计算样品的剥离率。

例3.1　按照紫外表征法计算氧化石墨标准溶液利用超声剥离法进行至2min、5min、10min、30min、40min、50min、60min、90min时的样品溶液的剥离率，结果见表3.1。

表3.1　利用紫外表征法计算出的剥离率与反应时间的关系

剥离时间（min）	剥离率（%）
2	6.77
5	12.66
10	29.86
30	50.90
40	56.56
50	70.59
60	87.10
90	90.95

3.2.2.2　灰度表征

（1）测定原理

上清液中剥离产物氧化石墨烯的浓度不同，溶液的颜色就不相同。而不同颜色的物体所拍摄成的黑白照片会呈现不同深度的灰色。所以在灰度表征中，我们通过绘制标准曲线，利用剥离产物的灰度值来计算其浓度，进而计算氧化石墨的剥离率。

（2）表征装置搭建

表征装置主要由外部的黑色有机玻璃暗盒（图3.5左）、内部的白色相机活动槽、比色皿卡槽和LCD冷光源板组成（图3.5右）。具体的操作方法：首先把剥离后的样品用移液管装入比色皿中；再把比色皿置入暗盒内并排摆放整齐，通过LCD背光源对比色皿进行打光；最后利用相机拍摄黑白照片，照片经过Image-Pro Plus软件处理后最终转化成灰度数值，利用标准溶液拟合得到灰度标准曲线。

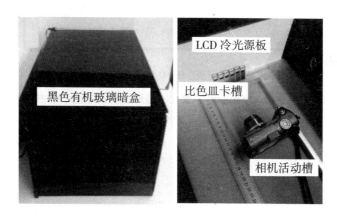

图3.5　黑色暗盒外部（左）与暗盒内部（右）

（3）标准曲线的制定

将前面配好的浓度为0.5mg/mL、0.4mg/mL、0.3mg/mL、0.2mg/mL和0.1mg/mL的氧化石墨烯标准溶液置于比色皿中，另取未反应的氧化石墨原溶液作为对比。利用自行设计的灰度表征装置对上述样品进行黑白照片拍摄（拍摄距离为10cm），利用Image-Pro Plus软件对所得黑白照片进行处理得到灰度图。并对不同浓度下的氧化石墨烯溶液进行灰度平均值的计算（图3.6）。最后利用Origin软件对灰度平均值进行线性拟合，根据图像得到线性回归方程$A=0.129+1.47C$（图3.7），结合公式（3.2.1），对剥离率进行计算。

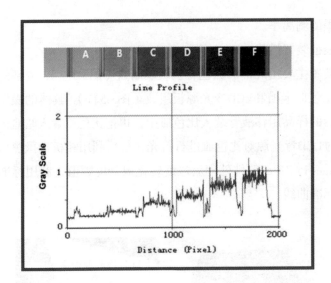

图3.6　不同浓度（A：氧化石墨原溶液；B：0.1mg/mL；C：0.2mg/mL；D：0.3mg/mL；

E：0.4mg/mL；F：0.5mg/mL）氧化石墨烯溶液黑白照片及对应的灰度图

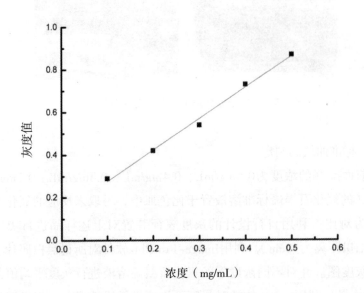

图3.7　经过拟合后的灰度标准曲线

（4）灰度表征和紫外表征的对比

利用灰度表征对例3.1的剥离率进行计算，得到剥离率与反应时间的关系，如表3.2所示。为了更加直观方便地比较紫外表征与灰度表征，我们将例3.1中紫外表征与灰度表征的剥离率结果进行对比，如图3.8所示。从图中发现，两条曲线重合度很高，特别是在剥离率超过50%时两条曲线几乎吻合，这说明我们提出的灰度表征法具有科学性与适用性。所以在本研究中我们利用灰度代替紫外对剥离率进行表征，为后续电场剥离氧化石墨的多样品表征带来了方便。

表3.2　利用灰度表征计算出的剥离率与反应时间的关系

剥离时间（min）	剥离率（%）
2	3.39
5	9.50
10	33.41
30	52.62
40	58.08
50	71.62
60	87.55
90	91.27

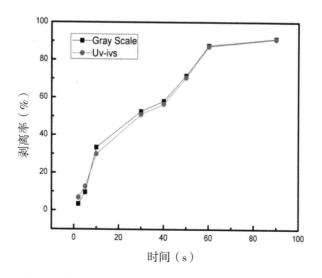

图3.8　紫外和灰度两种表征手段剥离率计算结果的对比

3.2.3　实验部分

3.2.3.1　剥离装置

电场剥离装置共由两个系统组成：反应系统和电信号产生与监测系统。

（1）反应系统

在外加电压一定的情况下，为了获得较大的电场强度来提供氧化石墨剥离所需的驱动力，在设置反应槽的时候，应尽量减少正负极之间的距离。但过小的电极间距又会使得反应过程散热严重，造成能源浪费。综合考虑以上因素，我们设置一个反应单体为电极间距是10mm的反应槽，其中电极尺寸定为250mm×250mm×10mm。为了达到大规模剥离的目的，将反应单体进行并联组成反应系统（如图3.9所示）。即电极按照单极性方式连接，用石墨作电极材料。电极个数为24块。

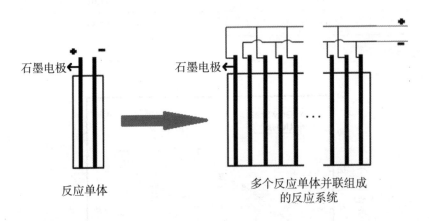

图3.9　反应单体与反应系统

（2）电信号产生与监测系统

电信号产生与监测系统主要由功率放大器、信号发生器和示波器组成，信号发生器用来产生某个特定波形和频率的电信号，该电信号经过功率放大器以后被放大，并将放大的电信号加载到溶液两端的电极上，电信号的相关信息用示波器进行监测，图3.10为电场剥离装置示意图。

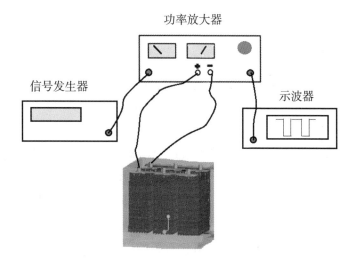

图3.10 电场剥离装置示意图

3.2.3.2 实验步骤

（1）将氧化石墨（GTO）配成1mg/mL的悬浮液，倒入上述搭建好的电化学反应系统中。

（2）在氧化石墨溶液两端加载一个特定电信号：方波，占空比50%（高电平在一个周期之内所占的时间比率为50%），偏移为0，峰峰电压（V_{pp}）60V，频率5Hz，电场剥离时间分别为2min，5min，10min，30min，60min，120min与180min；研究剥离时间对剥离效果的影响规律。

（3）当反应时间为180min时，改变加载电信号的频率（5Hz，50Hz，500Hz与5000Hz），研究频率对剥离效果的影响规律。

（4）研究超声辅助电场剥离方法：在电场剥离系统外部施加超声场（频率：40KHz、功率：700W）。研究在超声辅助条件下电场频率（5Hz，50Hz，500Hz与5000Hz）、剥离时间（2min，10min，30min与60min）、剥离电压（40V，50V，60V与70V）以及电极间距（5min，10min，15min与20mm）等对剥离效果的影响规律。

3.3 结果与讨论

3.3.1 实验参数对剥离率的影响

图3.11为在氧化石墨电场剥离实验中，剥离率随着反应时间与电场频率的变化图。从图中可以看出，随着反应时间的增加，不同频率下反应的氧化石墨溶液剥离率逐渐升高，当反应时间相同时，剥离率与频率成反比。氧化石墨在5Hz的条件下剥离率最高，从2min时的8.64%上升到180min时的66.32%；当提高频率至50Hz时，氧化石墨的剥离率出现显著下降，最低剥离率降至4.04%，最高剥离率为52.56%；频率继续提高到5000Hz，氧化石墨颗粒剥离率最低。

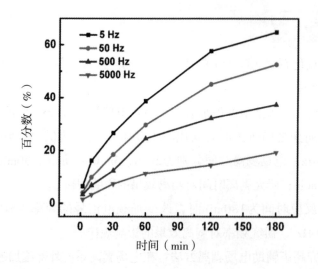

图3.11　剥离率随着反应时间与电场频率的变化图（电压60V）

在电场剥离实验中引入超声场后，将大大加快氧化石墨的剥离速度。图3.12为超声辅助电场剥离实验中剥离率随着反应时间与电场频率的变化图。从该图可以看出，在不同的频率下，反应60min时，剥离率就可以高达70%~96%，氧化石墨的剥离速度较未引入超声前明显加快。但是引入超声场后，频率对剥离率的影响将变得较为复杂。当频率为5000Hz时，氧化石墨的剥离率最高（反应时间为60min时，剥离率就可以高达95.6%）。然而在未引入超声场的电场剥离实验中，剥离率与电场频率呈反比（当频率为5000Hz时，氧化石墨的剥离率最低）。这种区别可能是由于电场单独作用和与超声场一起作用对氧化石墨的剥离作用不同导致的。电场单独作用时，可能是依靠片层内电荷移动，产生排斥力促进了氧化石墨的剥离，高频时电荷来不及移动所以剥离率低。但是当电场中引入超声作用时，高频率下的电场会加快氧化石墨的振动，而且与引入的高频率超声波会产生谐振作用，提高氧化石墨的剥离率。所以在超声辅助电场作用下，剥离率随着频率的增大而增大。

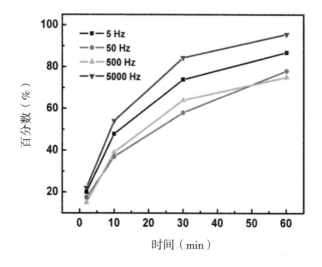

图3.12　超声辅助电场剥离实验中剥离率随着反应时间与电场频率的变化图（电压60V）

　　图3.13是在超声辅助电场实验中，当电场频率为5Hz，剥离时间为30min时，氧化石墨溶液两端加载峰峰电压与剥离率的关系图。从图中也可以看出，40V时得到的18.1%氧化石墨剥离率远远低于其他电压条件下的剥离率，而在70V时出现了77.8%的剥离率，说明电压越高，电场强度越大，越利于氧化石墨的剥离。

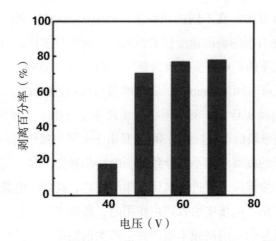

图3.13　超声辅助电场剥离实验中剥离率与峰峰电压的关系图

（频率5Hz，剥离时间30min）

图3.14是在超声辅助电场实验中，当峰峰电压为60V，频率为5Hz，反应时间为30min时，电极间距与剥离率的关系图（用选定间距的单体反应槽开展实验）。从图中也可以看出，随着电极间距的减小，氧化石墨的剥离率逐渐提高。当电极间距为5mm时，剥离率近似达到81.0%。

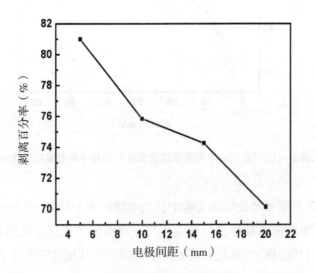

图3.14　超声辅助电场剥离实验中剥离率与电极间距的关系图

（频率5Hz，峰峰电压60V，剥离时间30min）

3.3.2　剥离产物形貌分析

图3.15为电场剥离不同时间后所得样品溶液的AFM表征图。从图3.15（a）可以看出，反应30min时选取的样品厚度在15~30nm，说明此时氧化石墨片层已经出现了剥离，随着反应的进行，在60min时的溶液样品颗粒的厚度已经降至2~7nm[图3.15（b）]，在180min时达到1nm左右[图3.15（c）]，基本上为单层氧化石墨烯。从图中也可以看出，剥离后的氧化石墨烯横向尺寸在2μm左右。

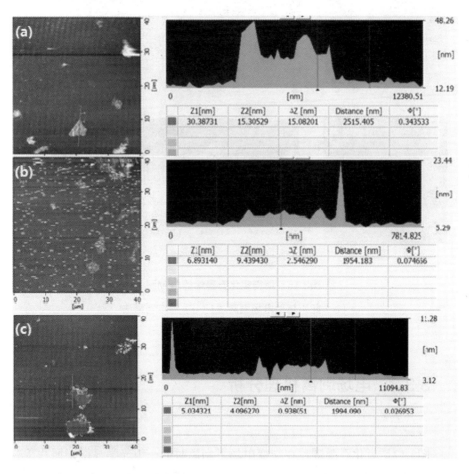

图3.15　电场剥离不同时间后所得氧化石墨烯溶液的AFM表征图（频率5Hz，峰峰电压：60V）

（a）30min；（b）60min；（c）180min

　　利用超声辅助剥离后，所得到的氧化石墨烯的横向尺寸也维持到大约1.5μm[图3.16（a）]，远大于单独用超声所得到的氧化石墨烯横向尺寸[约500nm，如图3.16（b）所示]。这说明电场剥离方法对氧化石墨的横向尺寸破坏程度较小，这对于高品质石墨烯的制备具有重要的指导意义。而且该方法绿色环保，操作简单，是一种值得深入研究的剥离方法。

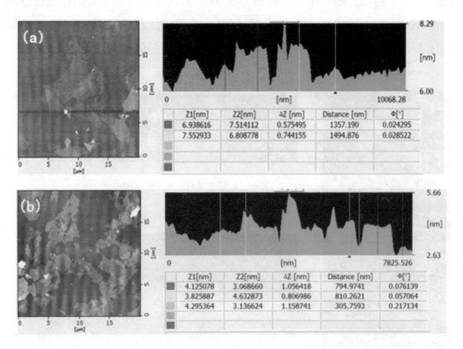

图3.16　所得氧化石墨烯的AFM图

（a）超声辅助电场剥离法；（b）超声剥离法

3.3.3　电场剥离机理分析

　　图3.17是氧化石墨颗粒在交变电场下剥离时的一组光学显微镜照片（a-d），从该图中可以直接看出，氧化石墨颗粒在脉冲电场作用下被剥离的整个过程，而且氧化石墨剥离的方向与电场方向平行。该实验结果与Lu[117]等人

报道的实验结果相符，即：对于电场中的微观片层颗粒，伴随着片层与电场方向之间角度的变化，电场力能引起片层之间的分离或者吸引，当电场与片层表面平行时分离趋势得到增强。在我们的研究内容中，氧化石墨也属于微观片层颗粒，亦处于电场作用下。我们利用该文献的原理对我们的实验进行解释。我们将整个过程假设为理想状况，即氧化石墨处于理想电介质中，两端施加均匀电场E，电场作用后被分离成两片厚度均为$t/2$的层状颗粒。

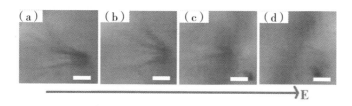

图3.17　氧化石墨颗粒在交变电场下剥离的一组光学显微镜照片，标尺为200μm

图3.18（a）为微粒剥离方向与电场平行的情况，图3.18（b）为微粒剥离方向与电场垂直的情况，施加电场后，微粒薄片由于极化作用内部电荷发生定向移动，最终正负电荷分别分布于材料的两端[图3.18（a）和图3.18（b）]，在一定条件下，可将正负电荷分布于两端的颗粒看作电偶极子，在一定的距离r内，存在于电场E中的电偶极子之间的相互作用能为：E/r^3（$-E/r^3$），其中平行为正，垂直为负。通过分析可知，图3.18（a）中两个薄片的上下两端由于带相同电性的电荷易产生互相排斥的作用力促进分离。而图3.18（b）中分离的薄片垂直于电场将会相互之间吸引，不利于分离。这可以解释为什么当颗粒方向与电场方向平行时有利于其剥离。

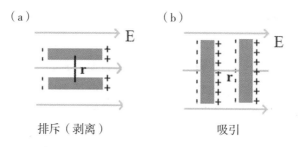

图3.18　颗粒与电场方向

（a）平行；（b）垂直

　　从以上结论也可以推出，如果电场频率太大，微粒内部的电荷将来不及发生定向移动，不利于剥离，这与前面频率越大，剥离率越小的结论相一致（图3.11）。但如果频率太小，氧化石墨在电场中移动的距离将增大，进而到达电极，影响剥离效果。

3.4　本章小结

　　本章中我们提出了一种新的剥离氧化石墨的方法——脉冲电场剥离法。该方法操作简单，绿色环保；与其他剥离方法相比，对剥离产物氧化石墨烯的横向尺寸破坏较小，对高品质石墨烯的制备具有重要的意义。该部分内容中，我们系统研究了反应时间、电压、频率与电极间距对剥离效果的影响，并用热力学原理对氧化石墨的电场剥离机理进行了研究探讨，得到的主要结论如下。

　　（1）在其他条件不变的情况下，剥离率与反应时间和峰峰电压成正比，反应时间越长，峰峰电压越大，剥离率越大；而剥离率与频率和电极间距成反比，频率越小，电极间距越小，剥离效果越好。

　　（2）超声场的引入有利于提高氧化石墨的电场剥离率，在频率为5000Hz时只反应60min就能达到95.6%的剥离率。而在引入超声场后，最高剥离率出现在5000Hz条件下，这和电场剥离时最高剥离率出现在5Hz的情况有所不同，这可能是由于高频率下的电场会加快氧化石墨的振动，与引入的高频率超声波可能会产生谐振从而提高氧化石墨的剥离率。

　　（3）利用热力学理论和基础，对氧化石墨电场剥离机理进行解释。结果表明：当氧化石墨颗粒的方向与电场方向平行时，最易发生剥离反应。

第4章　不同空间构型石墨烯衍生物的制备及其电化学性能研究

石墨烯是具有单原子厚度的碳原子层，自2004年问世以来，已经在诸多领域引起了广泛的关注，它们因其独特的物理化学性质显示出在光学、传感、催化和电学等领域广泛的应用前景。但是在实际使用中，只有将它单片的优越性能转化为宏观材料的性能，才能真正体现它的价值。所以组装具有一定空间构型的石墨烯衍生物是现在石墨烯产业化发展的关键。

4.1　氧化石墨烯电化学还原过程中的自组装行为研究

4.1.1　概述

在石墨烯的制备方法中，通过氧化石墨烯进行还原具有重要的意义，一方面由于该过程能够大规模制备，可以实现石墨烯低成本批量化生产[120, 121]；另一方面，则是与氧化石墨烯良好的水相分散性能有关，这使得氧化石墨烯比石墨烯更容易加工成各种宏观结构的材料，再对氧化石墨烯宏观结构体进行还原可以得到石墨烯宏观材料，这是一条通向石墨烯广泛应用的重要途径[122, 123]。

石墨烯薄膜/纸是一种最常见的石墨烯宏观材料，通常由水溶性的氧化石墨烯通过真空抽滤[73, 74]、旋涂[76]或气液界面自组装[75]等技术形成氧化石墨烯薄膜，再利用后期还原技术制备得到石墨烯薄膜/纸状材料。目前，"成膜+还原"已经发展成为石墨烯薄膜的主要制备方法。然而，"成膜+还原"技术存在一些缺点，如利用真空抽滤成膜时，时间较长耗能大；薄膜在后期还原时耐水性差不易液相还原；热还原时官能团分解导致薄膜不稳定等。另外，在石墨烯薄膜的制备过程中，不仅"成膜"与"还原"过程本身存在一些问题，而且将它们分开研究也使得整个制备过程烦琐复杂，不利于其推广使用。

在本节中，我们在氧化石墨烯溶液两端加载一个不对称型正负脉冲电信号，当正脉冲加载时，氧化石墨烯由于电泳作用沉积到电极上；负脉冲加载时，沉积到电极上的氧化石墨烯被还原，该过程循环往复，最终制得石墨烯薄膜材料。该方法将氧化石墨烯的两个过程"成膜"与"还原"利用一个电信号连接起来，操作简单，绿色环保。更重要的是，在反应过程中，我们发现如果调节溶液两端加载电信号的参数，可以改变电极附近溶液的物理组成，在电极上得到另外一种新的石墨烯衍生物——石墨烯枝晶（将在本章第3节进行详细介绍）。据我们所知，到目前为止，枝晶状的石墨烯尚未有过报道，本节介绍的方法在制备具有新型结构的石墨烯衍生物方面具有重要的探索意义。

4.1.2   实验装置

在该节中，电信号的产生与监测装置仍然是用第3章中所用到的信号发生器、功率放大器与示波器。反应装置则用一个单体反应槽（图4.1），该反应槽是使用透明有机玻璃材料制成的，长与宽分别为250mm，容器的两壁各设计了一个卡槽（宽度为4mm）用来放置板状电极，电极间距为10mm。电极为铜电极，长宽各为250mm，厚度为1mm，图4.2为反应装置图。

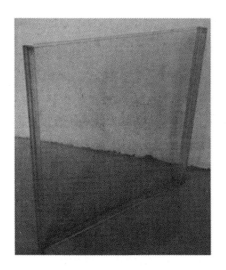

图4.1 反应槽

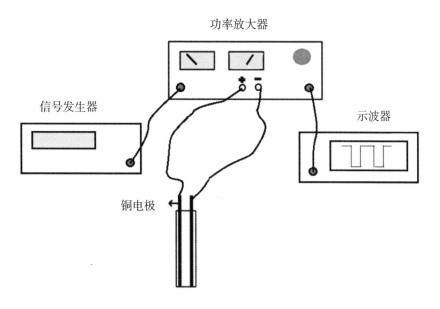

图4.2 反应装置图

该章节与第3章相比，电场中的反应物不同，加载电信号不同，电场所起作用不同。第3章中，反应物为氧化石墨，加载电信号占空比为50%（对称型），电场作用是使氧化石墨在两电极之间移动，最终将其剥离。本章节中，反应物为氧化石墨烯，加载电信号的占空比为60%（非对称），电场作用是使氧化石墨烯沉积到电极上然后还原。

4.1.3　氧化石墨烯电化学组装成膜过程分析

4.1.3.1　实验步骤与方案

实验方案如图4.3所示，实验步骤如下。

（1）将氧化石墨烯（GO）溶液作为反应物，加入4.1.2节中所搭建的反应装置中，两端加载一个电信号：频率5Hz，峰峰电压60V，占空比60%，根据反应时间的不同（1h、2h与3h），依次对产物进行命名rGO-60%-1h，rGO-60%-2h与rGO-60%-3h。

（2）反应结束后，将电极从溶液中拿出室温晾干电极上的产物进行表征。

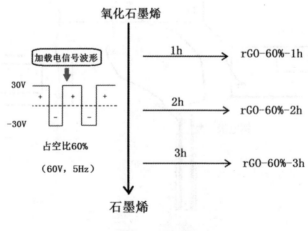

图4.3　实验方案

4.1.3.2 结果与讨论

XPS是一个用来识别元素结合态的一种主要的表征手段，可以辨别在各种条件下制备得到的样品的元素组成情况。图4.4为GO与rGO-60%-1h的C1s XPS谱图，GO的XPS C1s谱图主要包括以下几种特征峰：C=C（284.0eV），C-C（284.5eV），C-O（286.3eV）和C=O（288.1eV）。反应1h后，rGO-60%-1h的XPS C1s谱图上C-O/C=O信号峰减弱程度较少，证明产物中的含氧基团还残留有许多，需要延长反应时间对氧化石墨烯薄膜进行还原。

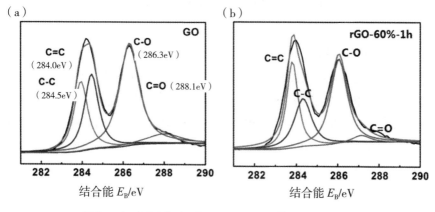

图4.4 （a）GO与（b）rGO-60%-1h的C1s XPS 谱图

为了进一步证实氧化石墨烯反应1h以后的还原情况，我们用XRD表征对其还原程度进行进一步分析。图4.5为GO与rGO-60%-1h 的XRD 谱图。从GO的XRD图中可以看到在11.2°处有一个尖的衍射峰，对应于与层面间距0.80nm（根据布拉格方程$2d\sin\theta=n\lambda$）。反应1h以后，11.2°处的衍射峰变弱，与此同时，一个新的弱而宽的衍射峰在22.7°出现，对应于石墨烯层间距0.39nm，说明反应1h以后氧化石墨烯已经有一定程度的还原，但是其11.2°处的衍射峰依然存在，证明还有部分氧化石墨烯没有被还原。

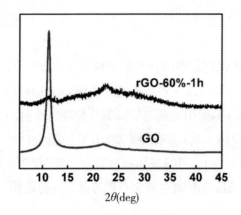

图4.5　GO与rGO-60%-1h 的XRD 谱图

　　图4.6为电化学反应过程中电流随着时间的变化图，从图中可以看出，反应刚开始时电流的数值最大（2.6A），这是因为氧化石墨烯溶液两端加载电信号后，其由于电泳作用快速向电极移动，导致接通电路瞬间电流达到最大值，随着时间的推移，氧化石墨烯逐渐沉积到电极上，溶液中的微粒慢慢减少，电流逐渐降低，当反应15min后，电流降为0.3A，溶液中的氧化石墨烯颗粒已经基本沉积到电极上形成氧化石墨烯薄膜，可以通过加长反应时间，对该薄膜进行进一步还原。

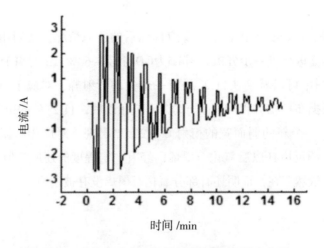

图4.6　电化学反应过程中电流随着时间的变化图

　　图4.7（a）与图4.7（c）分别为rGO-60%-2h与rGO-60%-3h的C1s XPS
谱图，从图中可以看出，当反应时间从2h逐渐增加为3h后，rGO-60%的XPS
C1s谱图上C-O/C=O信号峰强度明显减弱，证明产物中的含氧基团被大量除
去，图4.7（b）与图4.7（d）分别为rGO-60%-2h与rGO-60%-3h的XRD谱
图，说明反应2h后，11.2°处的吸收峰进一步降低，随着时间的逐渐延长
（3h），该处吸收峰已经基本完全消除，在24.7°处出现了一个宽而且弱的衍
射峰，对应于层面间距0.37nm，说明氧化石墨烯被还原后，层面间距减小。

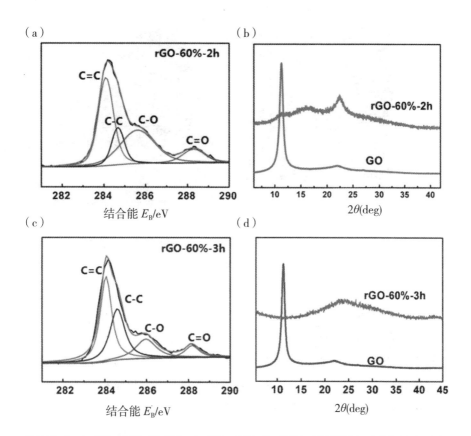

图4.7　（a）rGO-60%-2h与（c）rGO-60%-3h的C1s XPS谱图，以及（b）rGO-
60%-2h与（d）rGO-60%-3h的XRD谱图

　　石墨烯薄膜经过自然晾干后如果厚度可以超过微米水平，则可以从电极

上剥离得到独立自支撑的石墨烯纸。图4.8（a）与图4.8（b）分别为电极上沉积的rGO-60%-3h薄膜与晾干后石墨烯纸的数码照片图。石墨烯薄膜的厚度由氧化石墨烯溶液的浓度与电极间距决定。在本实验中，氧化石墨烯的浓度为1mg/mL，电极间距为10mm，沉积到电极上的石墨烯薄膜，经干燥后厚度约为10μm。氧化石墨烯在自组装成膜过程中受到外加电场垂直于表面的作用力，该作用力随着时间的推移一直进行，最后得到了紧紧贴在电极上的石墨烯薄膜。

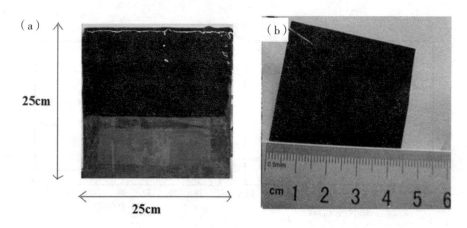

图4.8　电极上沉积的rGO-60%-3h薄膜（a）与rGO-60%-3h薄膜晾干后
得到的石墨烯纸（b）

图4.9为石墨烯纸表面与横截面的SEM图，从图4.9（a）与图4.9（b）中可以看出，石墨烯纸表面平坦，说明电化学反应中电极上的析氢析氧行为并没有给薄膜的形成造成破坏，从图4.9（c）中可以看出，得到的石墨烯纸呈现层层堆叠结构。这是由于（氧化）石墨烯本身具有二维结构特征，这对电沉积形成宏观二维薄膜材料有着天然结构优势。

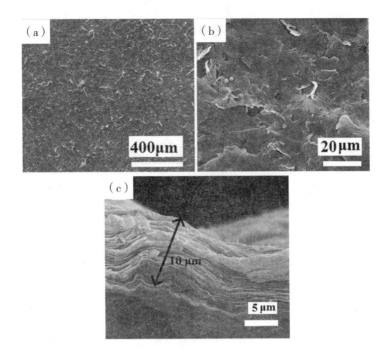

图4.9　石墨烯纸的表面（a–b）与横截面（c）的SEM图

4.1.4　占空比对氧化石墨烯还原程度的影响

4.1.4.1　实验步骤与方案

实验方案如图4.10所示，实验步骤如下。

（1）将GO溶液作为反应物，加入4.1.2节中所搭建的反应装置中，两端加载一个电信号：频率5Hz，峰峰电压60V，反应时间为2h，根据占空比的不同（20%、40%、60%与80%），依次对产物进行命名rGO–20%、rGO–40%、rGO–60%与rGO–80%。

（2）反应结束后，将电极从溶液中拿出室温晾干电极上的产物进行表征。

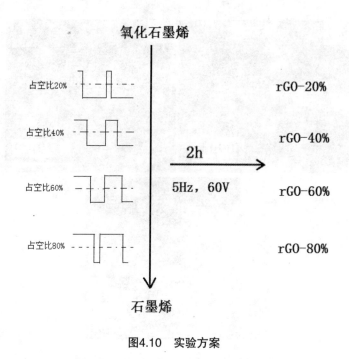

图4.10 实验方案

4.1.4.2 结果与讨论

（1）X射线光电子能谱分析

图4.11（a）为GO，rGO-80%，rGO-60%，rGO-40%与rGO-20%的XPS全谱图，位于284.7eV和531eV的峰分别对应于C1s和O1s的特征峰。从图中可以看出，GO的O1s的强度在rGO-80%、rGO-60%、rGO-40%与rGO-20%中依次明显减少，C1s的强度则依次逐渐增大。图4.11（b）～（f）显示了GO、rGO-20%、rGO-40%、rGO-60%与rGO-80%的XPS的C1s的谱图。GO的XPS C1s谱图上C-O/C=O信号峰随着占空比的减小逐渐减弱，说明产物中的含氧基团已经被大部分除去。小的占空比有利于含氧基团的除去。

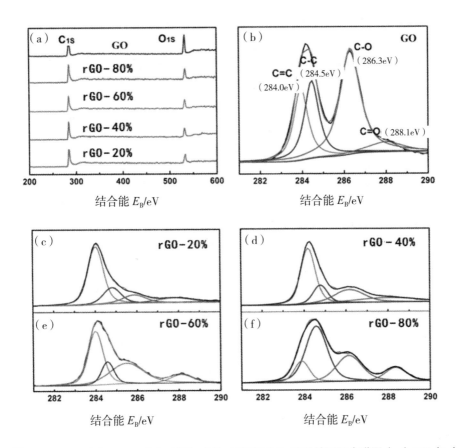

图4.11 GO, rGO-80%, rGO-60%, rGO-40%与rGO-20%的XPS全谱图（a）, GO（b）
rGO-20%（c）, rGO-40%（d）, rGO-60%（e）与rGO-80%（f）的C1s XPS谱图

表4.1列出了由XPS分析得出的GO以及rGO样品中的C、O的原子百分比含量。我们可以看出，氧化石墨烯被还原以后，C原子个数明显增加，O原子个数明显下降。而且是随着占空比的减小，C与O的原子个数比逐渐增大，当占空比为80%时，还原程度比较低，C与O的原子个数比为4.38，这个也可以从图4.11（f）的C1s XPS谱图中看出。

表4.1   GO以及rGO样品中的C、O的原子百分比含量

Samples	Elements content(at.%)		Ratios of elements
	C O	C/O	
GO	66.72	33.28	2.05
rGO–20%	87.22	12.78	6.82
rGO–40%	86.36	13.64	6.33
rGO–60%	84.13	15.87	5.30
rGO–80%	81.43	18.57	4.38

（2）X射线衍射分析

图4.12是GO与不同占空比下还原所得到的rGO的XRD图。从GO的XRD图中可以看出，在11.2°处有一个尖的衍射峰，对应于与层面间距0.80nm。在占空比为80%时，产物的XRD图中11.2°处的衍射峰变弱，与此同时，一个新的弱而宽的衍射峰在22.7°出现，对应于石墨烯层间距0.39nm。当占空比为60%时，11.2°处的衍射峰依然存在，但是强度与占空比为80%时相比有所降低，当占空比为40%与20%时，石墨烯的XRD图谱与占空比为60%与80%相比明显不同，当占空比为40%与20%时，11.2°处的衍射峰完全消失，而且新出现的峰也不再处于22.7°处，而是位于24.7°，对应于层面间距0.37nm，这也说明了小的占空比更有利于氧化石墨烯的还原，而且占空比为20%与40%时的还原程度与60%和80%差距较大，通过后面的分析知道该结果是由于氧化石墨烯粒子组装过程不同导致的。

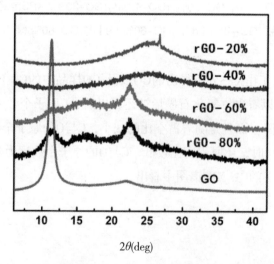

图4.12   GO与不同占空比下还原所得到的rGO的XRD图

（3）拉曼光谱分析

还原前后产物的结构变化也可以从拉曼光谱中看出，石墨基炭材料在拉曼光谱中的主要特征是存在G峰与D峰，其中位于1610cm^{-1}处的G峰对应于布里渊区中心的声子E_{2g}振动，1350cm^{-1}处的D峰则是由sp^{2}原子的声张膜引起的缺陷峰。在理想的石墨烯结构里，D峰并不具拉曼活性，而仅当边缘的对称性被破坏或样品含有高的缺陷密度能时才可以被观察到[125]。拉曼谱图中D峰和G峰的相对强度的变化则反映了还原过程中产物电子共轭状态的改变。图4.13是GO与不同占空比下还原所得到的rGO的拉曼图。相比氧化石墨烯，所得产物石墨烯拉曼谱图中G峰强度下降，D峰强度明显增强，I_D/I_G带的比值增大，说明产物的共轭性显著提高。这是由于还原过程可使部分sp^{3}杂化结构重构为sp^{2}杂化结构，这也与其他文献中所报道的现象一致[126]。而且随着占空比的减小，上述现象逐渐明显，I_D/I_G带的比值由1.03（占空比为80%）变到1.30（占空比为20%）。

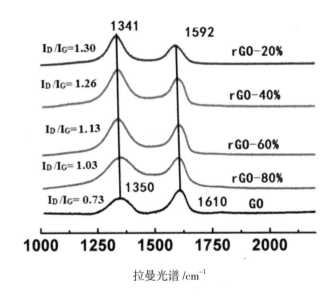

图4.13　GO与不同占空比下还原所得到的rGO的拉曼图

（4）电导率分析

对氧化石墨烯进行还原是为了得到具有高电导率的石墨烯，所以样品的电导率可以作为判断还原效果的直接标准。电导率可以从公式（4.1.1）计算得到，其中σ为电导率（单位：S/m），t是样品的厚度，R_S是方块电阻（单位：Ω/sq）：

$$\sigma = \frac{1}{tR_S} \tag{4.1.1}$$

图4.14为所制得的rGO的电导率与占空比的关系图。从图中可以发现，石墨烯的电导率随占空比的增大逐渐减小，但是电导率分别在占空比为20%与40%，60%与80%时相近，占空比为20%时，电导率可以达到740S/m。

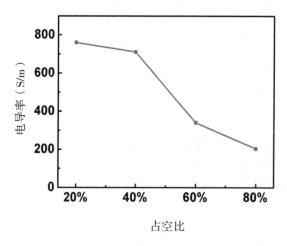

图4.14　所制得的rGO的电导率与占空比的关系图

（5）还原机理分析

在本实验中，氧化石墨烯溶液两端加载的电信号为不对称型正负脉冲电信号。即电极先后经历正电性与负电性，整个过程循环往复。当正脉冲加载时，带有负电荷的氧化石墨烯粒子会由于电泳作用向电极移动，但是氧化石墨烯的电化学还原机理现在尚无定论，根据第1章绪论部分的介绍，在现有的文献报道中，有些文献报道氧化石墨烯为阳极还原，有些报道认为氧化石墨烯为阴极还原，在我们的研究内容中，电极的电性在不断变化，所加载的占空比依次为20%、40%、60%与80%，这说明在相同的反应时间里，电极显正电性的时间随着占空比的增大逐渐增大，负电性在逐渐减小，根据前面

XPS、XRD、拉曼的分析结果，还原程度是随着占空的增大逐渐减小的，这也间接说明了在我们的实验中负电性更有利于氧化石墨烯的还原。据此我们推断可能发生的电极反应为：

电极显正性时：$4OH^- - 4e^- = 2H_2O + O_2$

电极显负性时：$4H^+ + 2GO + 4e^- = 2rGO + 2H_2O$

总反应：$4OH^- + 4H^+ + 2GO = 4H_2O + O_2 + 2rGO$

沉积到电极上的氧化石墨烯得到电子发生还原反应，氧化石墨烯的电化学还原过程类似于多米诺效应(Domino-like)[126]，如图4.15所示，与电极直接接触的氧化石墨烯首先得到电子被还原，接着相邻的氧化石墨烯被还原，反应过程中，逐渐形成了氧化石墨烯/石墨烯两相界面，随着反应的进行，该界面逐渐向前推移，直至将沉积到电极上的氧化石墨烯全部还原为止。

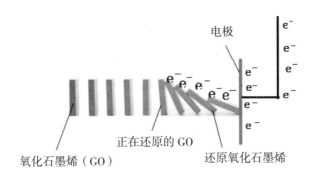

图4.15　在GO膜上发生的类多米诺效应还原过程

4.1.5　氧化石墨烯还原过程中的自组装行为

在前面的内容中，我们对氧化石墨烯不同占空比下的还原程度进行了研究，研究表明：占空比越小，还原程度越大。这是由于氧化石墨烯溶液两端加载无偏移的非对称正负脉冲电信号后，正脉冲的作用是使氧化石墨烯电泳沉积到电极上，而负脉冲的作用是使氧化石墨烯转移电子发生电化学还原反应。所以每个周期内负脉冲在整个周期的比例（即占空比）决定了氧化石墨烯的还原程度。但是为什么占空比为20%与40%的还原程度与60%与80%的差别很大呢？这可能是由于占空比的不同导致氧化石墨烯在电极上的组装行为不同导致的，下面我们对正负脉冲电场作用下氧化石墨烯的组装行为进行研究。

图4.16为不同占空比下粒子在电极上沉积的光学显微镜图。从图中可以看出，占空比为60%与80%时，石墨烯在电极上以薄膜状沉积。而占空比为20%与40%时，石墨烯在电极上不再以薄膜状沉积，而是以树枝状沉积，在进一步的研究中发现，占空比为50%是不同沉积层形貌的分界线，占空比大于50%，沉积层以薄膜状组装，占空比小于50%，沉积层以树枝状组装。根据这些现象，我们可以初步推断占空比为20%与40%的还原程度与60%与80%的差别很大的原因。占空比为20%与40%时，石墨烯以枝状沉积；而占空比为60%与80%时，石墨烯以薄膜状沉积，从前面的分析中可以知道，氧化石墨烯的还原类似多米诺效应，是一种接触式还原。当氧化石墨烯颗粒以枝状在电极上沉积时，粒子的数量较少，刚进行枝状组装的瞬间就被还原（从图4.16中可以看出），但是当粒子在电极上组装成膜时，由于粒子数量太多，电子来不及对氧化石墨烯进行还原，需要2h甚至3h才能还原（图4.17），所以在相同的时间内，组装形貌为薄膜的氧化石墨烯还原程度远低于形貌为枝状的氧化石墨烯。

既然形貌对氧化石墨烯的还原程度起决定性作用，那么我们对不同占空比下氧化石墨烯的组装过程与沉积形貌进行研究。根据上述实验现象，结合金属电沉积理论的相关知识[128-130]，我们推测氧化石墨烯的电化学过程可能包括以下几个单元步骤。

（1）液相传质。正脉冲加载时，氧化石墨烯电泳迁移到达电极附近或电极上。

（2）粒子自组装。到达电极的（氧化）石墨烯以层状或枝晶状的形式在电极上沉积。

（3）电化学步骤。负脉冲加载时，已经到达电极上的氧化石墨烯粒子得到电子发生还原反应。

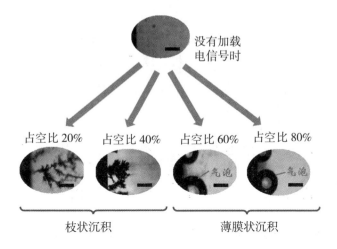

图4.16 不同占空比下粒子在电极上沉积的光学显微镜图

上面3个步骤中，其中任何一个过程进行的缓慢都会出现极化现象，产生过电位。

图4.17为不同占空比下石墨烯粒子在电极上沉积的过程示意图，当占空比小于50%时，每个周期内电极正电性加载时间较少，随着氧化石墨烯在电极上不断吸附与还原，电极附近的氧化石墨烯粒子逐渐减少，而液相传质不能及时将粒子补充在电极附近，即上述介绍的第1个步骤进行缓慢，此时电极与溶液界面处产生浓差极化过电位，还原后所得的石墨烯以树枝状形式向外生长，形成石墨烯枝晶。

当占空比大于50%时，每个周期内正电性加载时间较长，氧化石墨烯片层由于电泳作用沉积到电极上，但是转移电子发生还原反应需要一定的时间才能完成，致使电极上积累了许多电子，产生了电化学极化过电位，沉积到电极上的氧化石墨烯片形成薄膜状形貌，在后期正负脉冲电信号不断重复加载的过程中被缓慢还原。

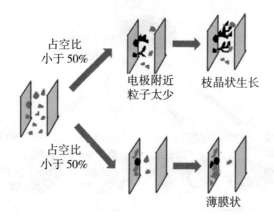

图4.17　不同占空比下石墨烯粒子在电极上沉积的过程示意图

4.1.6　本节小结

在本节中，我们利用电化学的方法，将氧化石墨烯的还原过程与组装成膜过程同步完成，制备得到了石墨烯薄膜/纸状结构。该方法操作简单，绿色环保，更重要的是，在反应过程中，我们发现如果调节溶液两端加载电信号的参数，可以改变电极附近溶液的物理组成，得到另外一种新的石墨烯衍生物——石墨烯枝晶。具体结论如下。

（1）当电化学反应条件为：占空比60%，频率5Hz，峰峰电压60V，反应3h，氧化石墨烯在电极上组装成膜并被还原，得到的石墨烯薄膜表面平整且具有明显层层堆叠结构。

（2）氧化石墨烯的电化学还原过程类似于多米诺效应，负电性更有利于其还原。

（3）占空比的大小不仅决定氧化石墨烯的还原程度，还决定电极附近溶液的粒子组成情况，进而决定石墨烯在电极上的组装行为，当占空比小于50%时，产生浓差极化过电位，粒子以枝晶状沉积组装，生成石墨烯枝晶；当占空比大于50%时，产生电化学极化过电位，粒子以薄膜状沉积组装，生成石墨烯薄膜。

4.2 石墨烯薄膜/纸的制备及其在柔性电极材料方面的应用研究

4.2.1 概述

随着经济快速的发展与人口数量的急剧增加，能源和资源显得日渐短缺，因此，人类将注意力投向于高效率、可循环利用的新能源。电化学电容器（超级电容器）是一种介于传统电容器和充电电池之间的新型储能装置，其容量可达几百至上千法拉。同传统的电容器和二次电池相比，电化学电容器储存电荷的能力比普通电容器高，并具有充放电速度快、效率高、对环境无污染、循环寿命长、使用温度范围宽、安全性高等特点。电化学电容器由于其卓越的性能被视为21世纪最有希望的新型绿色能源[130-134]。目前，电化学电容器电极材料的研究主要集中在具有高比表面积、内阻较小的多孔碳材料[136-137]等方面。

石墨烯是一种具有二维共轭结构、单原子层厚度的新型碳材料。这一材料的优异导电性、力学性能、电化学稳定性、巨大的理论比表面积等优势使其成为一种性能优异并具有实际应用前景的超级电容器电极材料。传统的石墨烯用作电极材料时多为粉体形式，在实际应用中，需要添加聚四氟乙烯等黏结剂使电极材料均匀涂在集电极上，绝缘黏结剂的加入将导致整个电极体系的内阻增大，而且也不利于电解液离子和电极材料的充分接触，从而无法最大限度地利用石墨烯材料的储能性能[137-140]。同时，随着人们对各种多功能的便携式的电子设备需求的增大，粉体形式的电极材料也不利于超级电容器作为柔性、轻便性储能装置的发展，因此制备可以自支撑的石墨烯薄膜电极材料显得至关重要[141-145]。

在本章第1节研究中，我们将氧化石墨烯的成膜过程与还原过程结合起来，利用电化学方法制备得到了石墨烯薄膜。该方法操作简单，绿色环保。但是所制得的石墨烯薄膜如果需要直接用作电极材料，则需要具有优异的导电性能，在本节中，我们分析了占空比与反应时间对石墨烯薄膜导电性能的影响，并选取具有代表性的石墨烯薄膜样品（可称为"石墨烯纸"）用作柔性电极材料，对其电化学电容性能进行了详细研究。

4.2.2　实验部分

4.2.2.1　实验步骤

（1）将GO溶液作为反应物，加入4.1.2节中所搭建的反应装置中，两端加载一个电信号：频率5Hz，峰峰电压60V，占空比60%，根据反应时间的不同（1h、2h与3h），依次对产物进行命名GP-60%-1h、GP-60%-2h与GP-60%-3h。

（2）反应结束后，将电极从溶液中拿出室温晾干，将其表面的石墨烯薄膜轻轻从电极上揭下。

（3）在步骤（1）中，其他条件不变（频率5Hz，峰峰电压60V，时间3h），改变占空比，依次对产物进行命名GP-60%-3h、GP-70%-3h、GP-80%-3h与GP-90%-3h。

4.2.2.2　柔性超级电容器的形成

将清洗过的石墨烯纸作为电极材料，按照图4.18所示的电容装置示意图，将吸附有饱和KCl电解液的滤纸作为分开两电极的隔膜。另外集流体泡沫镍上压一片柔性基底来固定住电容器装置，组装成柔性储能电容器。

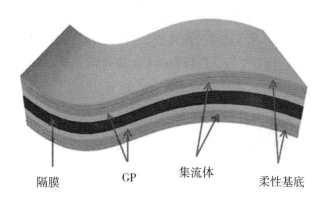

隔膜　　　　　GP　　　　集流体　　　　柔性基底

图4.18　柔性超级电容器装置图

4.2.2.3　电化学性能测试

用循环伏安，恒流充放电，交流阻抗法对组装的超级电容器进行性能测试。循环伏安法中电容装置的比电容用以下公式计算[147]：

$$C_{SC} = \int IdV / \mu m \Delta V \qquad (4.2.1)$$

式中，I是电流；m是活性物质的质量；ΔV为扫描电势窗口；μ为扫描速度（单位为V/s）。

恒流充放电中的放电电容用以下公式计算：

$$C_m = \frac{2I\Delta t}{\Delta V_m} \qquad (4.2.2)$$

式中，I是电流；Δt是放电时间；m是单电极的质量；ΔV为在放电时候的电压差（$1-iR$）。

功率密度与能量密度用下列公式计算[148]：

$$E = \frac{1}{8} C_{sc} \Delta V^2 \qquad (4.2.3)$$

$$P = \frac{E}{\Delta t} \qquad (4.2.4)$$

电化学数据都是用CHI660E型电化学工作站测试(上海辰华仪器公司)。循环伏安曲线（CV）和恒电流充放电测试的电位窗口为–0.5 ~ 0.5V。电化学阻抗谱图在开路电位下进行，振幅为5mV，频率范围10^5 ~ 0.01Hz。

4.2.3　结果与讨论

4.2.3.1　电导率分析

图4.19（a）显示了石墨烯纸的电导率与反应时间的关系图。结果表明，电导率从0.5h的18S/m增加至4h的490S/m。这说明随着时间的增加，氧化石墨烯逐渐被还原为石墨烯，恢复了石墨烯有序晶体结构与高的导电性。反应时间从0.5 ~ 1h时，电导率的增长速度最快，随着时间推移，电导率的增长速度逐渐减慢，在3 ~ 4h电导率的增长速度最慢，所以在改变反应参数占空比的值时，将反应时间固定为3h。图4.19（b）显示了石墨烯纸的电导率与占空比的关系图。占空比为60%时，石墨烯纸的电导率可以达到460S/m，随着占空比的增大，氧化石墨烯的还原性降低，电导率数值降低。

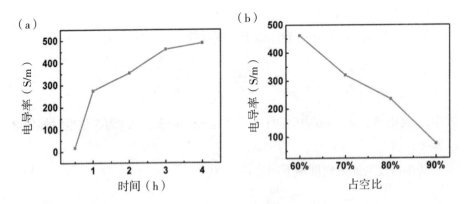

图4.19　石墨烯纸的电导率与反应时间的关系图（a）与占空比的关系图（b）

4.2.3.2　形貌观察

图4.20（a）为所制得的石墨烯纸的数码照片（GP-60%-3h），从图中可以看到，该纸面积大概为4cm×3cm，其表面平坦光滑，而且具有很好的柔韧性，如图4.20（b）所示，这说明它可以作为柔性甚至卷曲的电极材料。从其横截面的扫描电镜图[图4.20（c）-（d）]中可以看出，石墨烯纸横截面的形貌与第1节中所制得的石墨烯纸类似，都具有层层堆叠的结构，前面一章讲过，该纸的厚度可以通过改变氧化石墨烯溶液的浓度与电极间距来进行控制。纸的面积是由电极的面积决定的。如果想获得具有大面积的石墨烯纸，可以通过加大电极面积来实现。

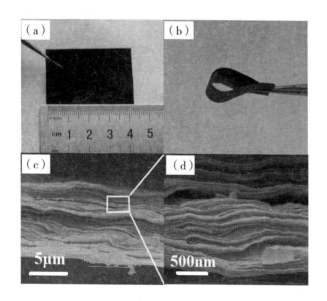

图4.20　石墨烯纸(GP~60%-3h)的数码照片（a~b）与在不同放大倍数下的横截面的扫描电镜图（c~d）

4.2.3.3　电化学性能分析

（1）循环伏安曲线

从图4.21（a）中可以看出，两种情况下，在电压范围内，不同扫描速度下的循环伏安曲线（CV）都没有明显的氧化还原峰，表明整个循环伏安扫描过程中，电极在类似恒定的速率下进行充电和放电。另外还可看出，CV曲线的形状基本上都类似矩形，说明扫描电压改变方向的瞬间电流就能达到稳定，充放电的可逆性良好，符合理想的电容行为，而且该材料的电容装置在扫描速度提高到800mV/s时，CV曲线仍然保持矩形，表明该材料可以发生快速充/放电反应，这可能主要是因为石墨烯纸有平坦的二维结构，这种结构有利于电荷的快速存储与释放。

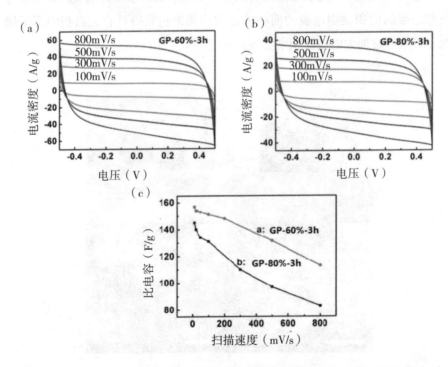

图4.21　石墨烯纸组成的电容器在不同占空比下的循环伏安曲线，GP-60%-3h（a）GP-80%-3h（b），及不同占空比下比电容和扫描速度的关系（c）

图4.21（c）为不同占空比下所制得的石墨烯纸的比电容和扫速的关系，从图中可以看出，材料的比电容随着扫速增加逐渐减少。这是因为扫速较小时，电极材料的孔径利用率较高，因而展现出较大的比电容；而在较大的扫速下，离子不能及时地扩散到材料内，使得有效活性位点减少，导致比电容

减小。而且，在相同扫速下，占空比为60%的循环伏安曲线比80%的比电容要大。例如，当扫描速度为5mV/s时，GP-60%-3h电极的比电容为157F/g，大于GP-80%-3h电极的比电145F/g。

（2）恒流充放电曲线

图4.22（a）~（b）为石墨烯纸组装成的电容器在电流密度为2A/g下的恒电流充放电曲线，从这两个图中可以看出，该材料充电曲线与放电曲线对称，具有很好的充放电稳定性，而且，两种占空比下所制得的材料在放电刚开始时都有一个小的IR压降。这表明组装成的电容器内阻较小。此外，GP-60%-3h的放电时间比GP-80%-3h的放电时间长，证明它有较大的比电容。图4.22（c）为不同电流密度下的比电容，从图中可以看出，两种情况下制得的石墨烯纸，比电容都是随着电流密度的增大而逐渐减小。

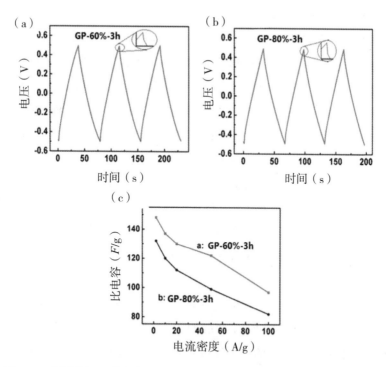

图4.22 石墨烯纸组装成的电容器在电流密度为2A/g下的恒电流充放电曲线

（a）GP-60%-3h；（b）GP-80%-3h；（c）不同电流密度下的比电容

（3）Nyquist图

交流阻抗测试是测评超级电容器电化学性能中阻抗值的有力手段，交流阻抗法（AC Impedance）又称电化学阻抗谱（Electrochemical Impedance Spectroscopy，EIS），是以小振幅正弦波电势（或电流）为扰动信号，使电极体系产生近似线性关系的响应，测量电极体系在很宽频率范围的阻抗谱，以此来研究电极体系的方法，电化学阻抗谱能反映出电极动力学及电极界面结构信息。Nyquist 曲线为交流阻抗谱的一种形式，能体现出所测体系很多重要信息。实际的电解质体系中，交流阻抗复平面图主要包括如下三个部分：高频段、中频段以及低频段。高频区弧形的半径反映了电极/电解液的界面电阻，也叫电荷传质电阻R_{ct}；半圆弧趋势线与实轴的交点即为电容器中电解液、集流体等的等效内阻（R_s）；中频区45°的倾斜曲线被称作为Warburg电阻（W_o），由电解液离子扩散/流动过程而产生。位于低频区的直线则反应了电容器受扩散控制的程度。

图4.23表示在开路电压下材料的电化学阻抗谱图。两种情况下在高频区都能观察到一个小半圆，阻抗圆弧半径很小，尤其是占空比为60%时，这可能是由于反应体系是在导电性良好的水系电解液中展开的。曲线与横轴的交点代表等效内阻，GP–60%–3h的等效内阻为376mΩ，GP–80%–3h的等效内阻为508mΩ，因为电压降是由于等效内阻引起的，所以该图也同样证实了图4.23中GP–60%–3h与GP–80%–3h的电压降分别为21mV与32mV。小的等效内阻就会减少充放电过程中能量的浪费和不必要的放热过程，这对能量储存装置具有很重要的意义。另外，从插图中也可以看出，两种情况下在中间频率区域45°处均有近似于垂直于横纵的直线，这呈现的是典型扩散区域的特点，说明石墨烯纸具有很好的双电层电容行为。

（4）Ragone图

根据式（4.2.3）和式（4.2.4）计算出，基于GP–60%–3h与GP–80%–3h的超级电容器的能量密度和功率密度如图4.24所示，从图中可以看出，随着电流密度的增加，电容器的功率密度增加，能量密度减少。GP–60%–3h在放电电流密度为100A/g时，电容器的能量密度为3.36Wh/kg时，功率密度可以达到约24.99kW/kg。

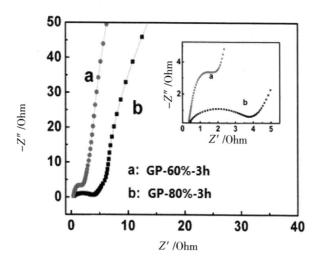

图4.23　石墨烯纸组装成的电容器的电化学阻抗谱图（插图是高频区阻抗谱）

线a：GP–60%–3h；线b：GP–80%–3h

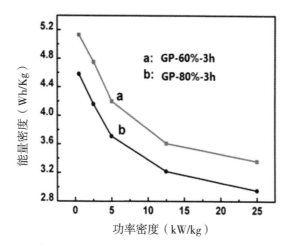

图4.24　石墨烯纸组装成的电容器的Ragone图

线a：GP–60%–3h；线b：GP–80%–3h

（5）循环稳定性

超级电容器具有较好稳定性，对其实际应用有重要意义。图4.25所示为基于GP–60%–3h与GP–80%–3h的超级电容器在扫描速度为100mV/s时，进行连续多次循环伏安扫描其比电容值随循环次数的变化情况。从图中我们可以看出，经过 2000 圈的循环后，GP–60%–3h与GP–80%–3h组成的电容器比电容的容量仍保持在91.0%和84.2%，这表明，石墨烯纸内部结构稳定，组装成的电容器具有很好的循环寿命。

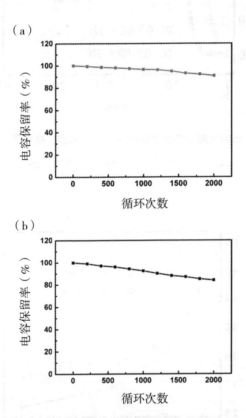

图4.25　石墨烯纸组装成的电容器的循环寿命图

（a）GP–60%–3h；（b）GP–80%–3h

（6）弯曲对电容性能的影响

在实际生活中，柔性电子设备都是可以弯曲的，如果希望将石墨烯纸作为柔性电极材料，就必须测试其组装成的电容器经过不同程度弯曲后电容的变化情况。从图4.26中可以看出，将石墨烯纸（GP–60%–3h与GP–80%–3h）

组装成的电容器从0°到180°弯曲，其循环伏安图中曲线的面积基本没有发生变化，说明电容基本没有变，石墨烯纸可以作为柔性电极材料使用。

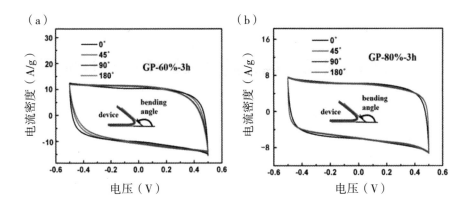

图4.26 在不同弯曲程度下，石墨烯纸组装成的电容器的循环伏安图

4.2.4 本节小结

在本节中，我们利用上一节介绍的方法合成了石墨烯薄膜，并分析了占空比与反应时间对石墨烯薄膜导电性能的影响，选取具有代表性的石墨烯薄膜样品用作柔性电极材料，对其组装成的电容器进行电化学电容性能测试，具体结论如下。

（1）反应过程中石墨烯薄膜的电导率与反应时间成正比，而与占空比成反比。当反应时间为3h，占空比为60%时，所获得的石墨烯薄膜的电导率可以达到460S/m。

（2）所获得的石墨烯薄膜不仅具有良好的导电性，还具有优异的柔韧性，将其作为电极材料组装成柔性超级器进行性能测试，结果表明：当扫描速度达到800mV/s时，组装好的柔性电容器仍然具有很好的电化学电容行为，说明该石墨烯薄膜电极适合大电流充放电。另外，该电容器经过2000次循环后，比电容的容量仍保持在91%，具有很好的耐久性，而且，该电容器可以从0°到180°发生任意角度弯曲，比电容几乎没有发生变化，上述结论均说明石墨烯薄膜可以作为优异的柔性电极材料。

4.3　三维网状石墨烯的制备及其电化学性能研究

4.3.1　概述

石墨烯具有高的比表面积、极好的导电性，是超级电容器的理想电极材料。但二维石墨烯表面能较高，容易发生团聚，与它相比，三维网状石墨烯稳定性好，比表面积大且利用率高，能加大电解质对电极材料的浸润性，提高电极储能能力。常见的三维网络石墨烯的制备方法有模板法与水热自组装等，Cheng等[79]用泡沫镍作模板，利用CVD方法制备出具有三维连通网络结构的石墨烯体材料；Shi等[80]用一步水热法，将氧化石墨烯自组装得到了三维网络石墨烯。但是现在报道的三维网状石墨烯的制备方法还很少，如何高效、低廉地制备三维网状石墨烯仍然是石墨烯得以应用推广的重要前提。

在第1节的研究中，我们在氧化石墨烯的还原过程中，通过调控工艺参数，首次发现并制得了石墨烯枝晶。在本节中，我们对该部分内容进行进一步研究，研究结果表明，该方法所制得的石墨烯枝晶处于不同的层次水平，而且不同层次的枝晶相互搭接，最终构成了三维网络状的石墨烯。

该三维网状石墨烯具有亚微米到微米的孔状结构，我们进一步利用该材料作为超级电容器的电极材料，对其电化学电容性能进行详细研究。

4.3.2　实验过程

4.3.2.1　实验步骤

（1）将GO溶液作为反应物，加入4.1.2节中所搭建的反应装置中，两端加载一个电信号：频率5Hz，峰峰电压60V，占空比20%，反应时间为2h。

（2）反应结束后，在电极上得到相互连接的枝状物质，将其从电极上刮下，置于表面皿中在真空冻干机中进行冻干可以得到三维网络状结构。

对所制得的产物分别用场发射扫描电镜、原子力显微镜、透射电镜与光学显微镜等表征手段进行形貌分析，并对枝晶的形成机理进行分析。

4.3.2.2　电容器的组装

将冻干后的三维网状石墨烯利用压片机压到直径为10mm的圆片泡沫镍集电极上，三维网状石墨烯作为工作电极。将吸附有饱和氯化钾电解液的滤纸作为分开两电极的隔膜[图4.27（a）]。用外壳为不锈钢，内衬为聚四氟乙烯的模具进行测试[图4.27（b）]。

（a）

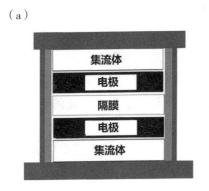

（b）

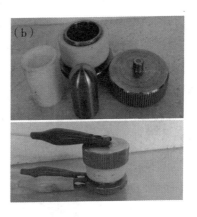

图4.27　电容器体系示意图（a）与测试体系的实物图（b）

电化学数据都是用CHI660E型电化学工作站测试(上海辰华仪器公司)。循环伏安曲线(CV)和恒电流充放电测试的电位窗口为-0.5 ~ 0.5 V。电化学阻抗谱图在开路电位下进行，振幅为5mV，频率范围10^5 ~ 0.01Hz。

电极材料根据循环伏安曲线和充放电曲线的比电容以及电容器的功率密度和能量密度按照式（4.2.1）~ 式（4.2.4）计算。

4.3.3　结果与讨论

4.3.3.1　石墨烯枝晶形貌分析

（1）原子力显微镜分析

在本章第1节的研究中，我们在氧化石墨烯的还原过程中，通过调控工艺参数，利用光学显微镜首次发现了石墨烯枝晶。在本节中，我们对该部分内容进行进一步研究。图4.28为反应后所得石墨烯枝晶的AFM图，从图中可以看出它的厚度为0.6 ~ 1nm，为单层石墨烯结构，从图4.28（a）中看出所制得的石墨烯除了一部分为片层结构以外，还有一部分为孔洞状的薄片结构，图4.28（b）为高倍数下所得孔洞状石墨烯的AFM图。从该图中可以看出，孔洞状的石墨烯薄片具有雪花状的结构，雪花是最常见的一种枝晶，这说明石墨烯枝晶状结构不仅用光学显微镜可以观察到，用原子力显微镜也可以分辨出，而且，枝晶状形貌出现在了石墨烯单片结构上，这与普通石墨烯片状结构（图4.29）是完全不相同的。而且据我们所知，以前从未有过类似石墨烯枝晶的报道，本章内容为开展石墨烯新型结构衍生物的研究奠定了基础。

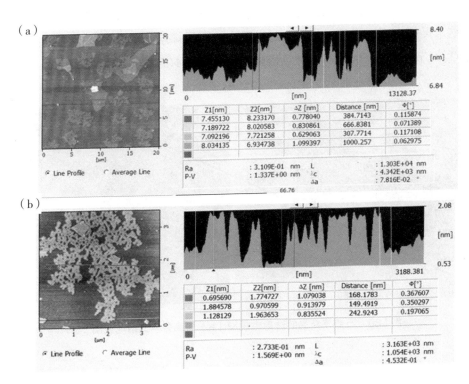

图4.28　不同放大倍数下石墨烯枝晶的AFM图

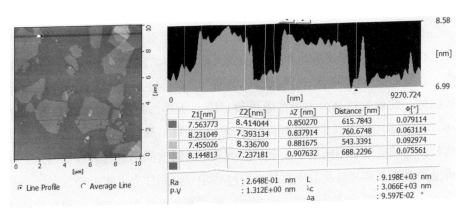

图4.29　普通石墨烯片的AFM图

（2）高分辨透射电镜分析

图4.30为石墨烯枝晶的透射电镜图与高分辨透射电镜图，从这两图中都

可以看出，石墨烯枝晶的分枝状结构。在图4.30（b）中，枝晶结构甚至在纳米尺度出现。另外，从该图可以看出，石墨烯层间距离为0.357nm，与本章第1节XRD（图4.12）中计算得到的层间距基本一致。

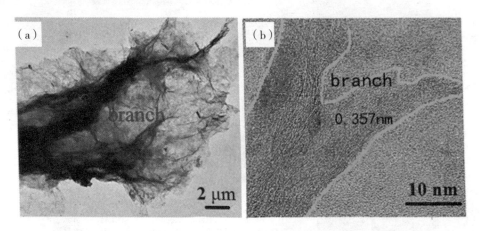

图4.30　石墨烯枝晶的透射电镜图（a）与高分辨透射电镜图（b）

4.3.3.2　石墨烯枝晶的形成

图4.31为石墨烯枝晶在电极上沉积的一组光学显微镜图，从图中可以直观地看出，石墨烯枝晶在电极上由小到大逐渐长大的整个过程，在这个过程中，石墨烯晶体在向前生长的同时，侧面的晶体也生长出来，从而形成枝晶状结构。此处的枝晶大小为百微米级，综上所述，石墨烯从纳米级[图4.30（b）]到微米[图4.28（b）]甚至百微米级（图4.31）都出现了树枝晶结构。这些枝晶的尺度处于不同的层次水平，而且不同层次间形貌具有自相似性。这可能是由于石墨烯一次分支在其生长过程中界面同样会发生失稳，产生二次分支，二次分支上还会形成三次分支，乃至产生更高次分支，结果就得到了具有不同层次分支的石墨烯树枝状组织。

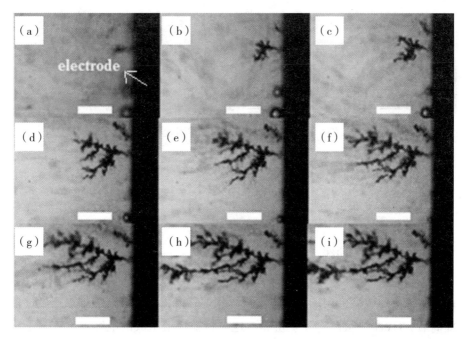

图4.31　石墨烯枝晶在电极上沉积的光学显微镜图

沉积时间分别为（a）20s；（b）40s；（c）60s；（d）80s；（e）100s；（f）20s；

（g）140s；（h）160s；与（i）180s；标尺均为200μm

4.3.3.3　三维网络状石墨烯

　　图4.32是将电极上相互缠绕的石墨烯枝晶刮下，用真空冻干仪冻干后的扫描电镜图，从图中可以看出，冻干后不同层次间的石墨烯枝晶相互搭接，最终形成一种三维网络状的结构，即三维网状石墨烯。而且该结构具有亚微米至数微米的三维连通多孔网络结构。如果用普通方法干燥，石墨烯枝晶将会塌陷，不能维持其网状结构，网络状结构用作电极材料时，有利于溶液中电解液的浸润。

图4.32　不同放大倍数的三维网状石墨烯

4.3.3.4　电化学性能测试

（1）循环伏安曲线

从图4.33中可以看出，在扫速为5～50mV/s时，CV曲线形状类似矩形，说明扫描电压改变方向的瞬间电流可以快速达到稳定，但是当扫描速度逐渐提高后，CV曲线很严重发生扭曲。这与石墨烯纸组成的电容器是完全不一样的，这说明三维网状石墨烯不适合快速充/放电反应。

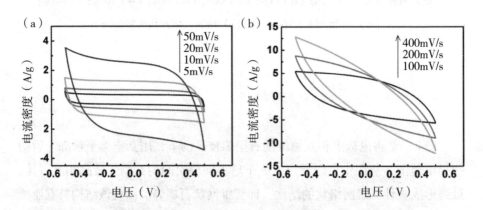

图4.33　三维网状石墨烯组成的电容器在不同扫描速度下的循环伏安曲线

图4.34为比电容和扫速的关系图，扫速为5mV/s时，比电容为125F/g，稍高于普通石墨烯粉体材料组成的电容器的电容值[148]。但是低于用水热法制备得到的三维网络石墨烯的比电容[80]，这可能是由于石墨烯枝晶在组装的过程中，部分石墨烯片团聚导致的，但是其比电容数值也低于第2节中石墨

烯纸的比电容，这个可能是由于石墨烯纸在电极上沉积过程中，电极放热，使得石墨烯纸层与层之间稍许膨胀，形成更多微纳米孔隙，这些微纳米孔隙的形成有利于电解液的浸润，而石墨烯枝晶在沉积过程中，与电极接触部分较少，几乎没有受到热效应的影响。另外，从图中也可以看出，材料的比电容随着扫速增加快速减少。扫速由5mV/s增大到200mV/s时，比电容由125F/g降低到34F/g，电容保留值不到30%，这种低的电容保留值可能是由于该网络组成的孔隙深邃，电解质在较快的时间内不能浸入电极内部导致的。

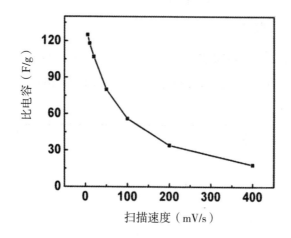

图4.34　比电容和扫速的关系

（2）恒流充放电曲线

图4.35（a）为三维网状石墨烯组装成的电容器在电流密度为2A/g下的恒流充放电曲线，从该图中可以看出，该材料充电曲线与放电曲线对称，具有很好的充放电稳定性，在放电开始时，电压降为53mV，大于石墨烯纸的电压降值（21mV），进一步发现，该三维网状石墨烯组装的电容器在电流密度为0.5A/g时电压降为23mV，与石墨烯在2A/g下的电压降相等，这些都说明了三维网状石墨烯更适合小电流充放电。图4.36为不同电流密度下的放电比电容，从图中可以看出，该三维网络石墨烯的比电容随着电流密度的增大而逐渐减小。

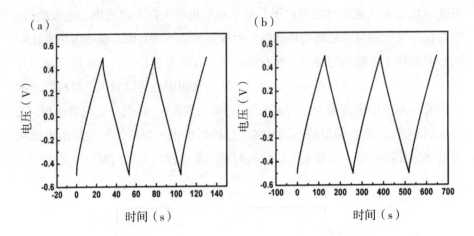

图4.35　三维网状石墨烯组装成的电容器的恒流充放电曲线

（a）电流密度为2A/g；（b）电流密度为0.5A/g

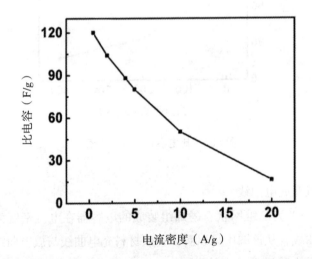

图4.36　不同电流密度下的放电比电容

（3）Nyquist图

　　图4.37表示在开路电压下，三维网状石墨烯组装成电容器的Nyquist图。从图中可以看出，在高频区有一个小半圆，曲线与横轴的交点代表等效内阻，从图4.37的内部插图可看出，等效内阻为773mΩ。另外，从插图中也可以看出，在中间频率区域45°处也有近似于垂直于横轴的直线，这说明测试

体系也具有较强的电容特性，电解质离子能够浸润电极材料内部孔道而形成有效双电层，使其具有优异的电容性能。

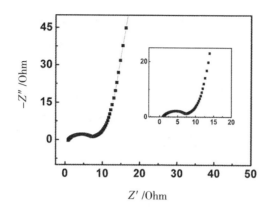

图4.37 基于三维网状石墨烯的超级电容器的Nyquist图

（4）Ragone图

根据式（4.2.3）和式（4.2.4）计算出，基于三维网状石墨烯的超级电容器的能量密度和功率密度如图4.38所示，从图中可以看出，当能量密度减少时，功率密度逐渐增大。但是其功率密度的数值远小于石墨烯纸的功率密度。

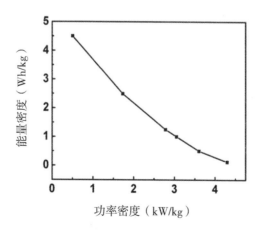

图4.38 基于三维网状石墨烯的超级电容器的Ragone图

4.3.4　本节小结

在第1节的研究中，我们在氧化石墨烯的还原过程中，通过调控工艺参数，首次发现并制得了石墨烯枝晶。在本节中，我们对石墨烯枝晶进行进一步研究，并以其为基本结构单元组装得到了三维网络状石墨烯，具体结论如下。

（1）用不同的表征手段，如原子力显微镜、透射电镜与光学显微镜对石墨烯枝晶结构进行表征，结果表明，石墨烯枝晶结构出现在了不同的层次水平，而且不同层次间的枝晶形貌具有自相似性。

（2）利用光学显微镜对石墨烯枝晶的生长过程进行了原位观察，并对其生长规律进行了分析研究。

（3）石墨烯枝晶在冻干处理后，发现其具有三维网络状的结构。以该三维网络状石墨烯作电极材料组装电容器，对其电化学性能进行研究，研究结果表明：扫速为5mV/s时，网络状石墨烯比电容为125F/g，但在同样的扫速下，电容器的比电容小于石墨烯纸组装好的电容器的比电容（比电容为157F/g），而且该电极在扫速大于100mV/s时，CV曲线矩形程度已经发生扭曲，这说明该电极材料不适合大电流充放电。

4.4　石墨烯/二氧化锰电极材料的制备及其电化学性能研究

4.4.1　前言

基于不同的电荷存储机制，超级电容器通常分为电化学双层电容器（EDLC）或赝电容器。EDLC通常使用碳电极，并通过在电极和电解质之间的界面处分离电荷来存储能量。赝电容器通常使用过渡金属氧化物（MxOy，M=Mn，Ru，Ni，Co等）作为电极，并通过电极材料与电解质的氧化还原反应实现能量存储。碳电极通常表现出优异的高功率密度、循环稳定性和良好的倍率能力，但它们提供低工作电压、低比电容以及低能量密度。相比之下，M_xO_y 表现出高比电容、相对较高的能量密度和显著较高的功率密度。然而，使用纯 M_xO_y 电极的赝电容器由于其固有的低电导率而具有较差的倍率能力和循环行为。因此，构建碳材料/过渡金属氧化物复合电极材料，在提高比电容、功率和能量密度以及倍率性能方面具有重要作用。

　　二氧化锰（MnO_2）是一种常见的赝电容材料，石墨烯/二氧化锰复合电极材料（$rGO-MnO_2$）已经可以通过许多办法合成且具有优异的电化学性能。例如，吴等人[149]通过 $KMnO_4$ 与碳材料在酸性溶液中的化学反应合成了 $rGO-MnO_2$，冯等人[150]通过简单的自组装方法制备了 $rGO-MnO_2$。然而，在这些湿化学合成方法中，基本思路都是将 MnO_2 组装到GO片层上，然后将GO还原为还原的氧化石墨烯（rGO）。尽管所制备的 $rGO-MnO_2$ 复合材料电化学性能有所提高，但这种制备工艺仍存在一些问题。例如，$rGO-MnO_2$ 复合材料的制备过程基本都分两步进行，费时费力。另外，获得的大多数 $rGO-MnO_2$ 复合材料在宏观上都是粉末状的，不适合用作柔性电极材料。因此，有必要采用简单、方便、经济高效的方法制备柔性 $rGO-MnO_2$ 电极材料。

　　在本节中，我们在前期研究的基础上，在氧化石墨烯溶液中加入高锰酸钾溶液，并在该混合溶液两端加载一个正负脉冲电信号，通过简单的电化学方法合成了柔性 $rGO-MnO_2$。由于在电极的制备中不使用任何额外的黏合剂或导电添加剂，$rGO-MnO_2$ 复合材料表现出优异的电容性能，在2A/g电流密度下具有244F/g的高比电容。本节制备的 $rGO-MnO_2$ 有望成为柔性高性能超级电容器的电极材料。

4.4.2　实验过程

在超声处理下将 $KMnO_4$ 溶液（1mL，0.1mol/L）加入GO悬浮液中（20mL，

1mg/mL），并将该混合物作为反应物，加入4.1.2节中所搭建的反应装置中，两端加载一个电信号：频率5Hz，峰峰电压20V，占空比60%，沉积2h后，将电极从溶液中拿出室温晾干，将其表面的柔性rGO–MnO₂薄膜轻轻从电极上揭下。

电容器组装与电化学测试方法见4.2.2.2与4.2.2.3。

4.4.3 结果与讨论

图4.39为GO、rGO和rGO–MnO₂的XRD图谱及MnO₂的标准图谱JCPDS 44–0141。GO中以2θ=10.4° 为中心的强峰，对应于其（002）晶面，根据布拉格方程，其晶面间距为0.848 nm。电化学反应后，rGO在10.4° 处的衍射峰完全消失，在23.9° 处出现了一个宽的衍射峰。这些结果表明，GO中的大部分含氧官能团已经被去除，GO被还原为rGO。rGO–MnO₂的XRD图谱与rGO非常相似，这是由于MnO₂的结晶性较弱，在56.5° 和12.3° 附近可以观察到对应于MnO₂的（600）和（110）晶面的峰[156]，这表明MnO₂嵌入rGO纳米片层间，同时说明GO的还原和纳米MnO₂在rGO上的沉积是同时发生的。

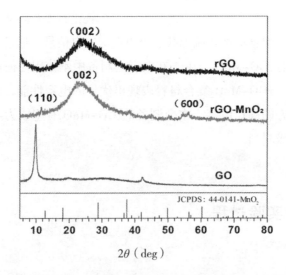

图4.39 GO，rGO 与rGO–MnO₂复合材料的XRD图及MnO₂的标准图谱

$rGO-MnO_2$的断面SEM照片如图4.40（a）所示，从图中可以看出，rGO纳米片与MnO_2很好地连接在一起，MnO_2均匀地嵌在由rGO纳米片构成的rGO薄膜材料中，表明MnO_2纳米颗粒的存在减少了rGO纳米片的团聚。$rGO-MnO_2$插图照片表明，在弯曲条件下，$rGO-MnO_2$具有很好的柔韧性，这归因于rGO和MnO_2之间的强结合作用力。$rGO-MnO_2$的TEM图像如图4.40（b）所示。从图中可以看出，MnO_2纳米颗粒均匀地分散在rGO表面，其粒径在50nm左右，这一现象与SEM观察到的结果一致。

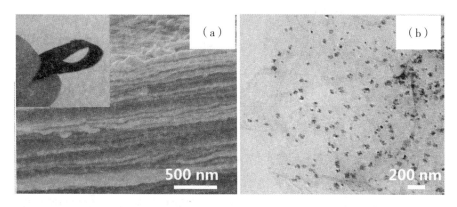

图4.40　$rGO-MnO_2$复合材料的SEM图与光学照片（a）与TEM图（b）

图4.41为制备得到的$rGO-MnO_2$的XPS光谱。$rGO-MnO_2$的全谱图表明，该物质中含有Mn、C和O元素[图4.41（a）]，说明在rGO表面上形成了MnO_2。图4.41（b）显示了$rGO-MnO_2$的C1s XPS光谱，其可以分峰为三个峰，位于284.2eV处的主峰为C=C键，以284.8eV和286.2eV为中心的另外两个弱峰分别对应于C—C和C—O/C=O。O1s 的XPS光谱可在530.6eV、531.5eV和532.5eV处分为三个峰，分别归属于Mn—O—Mn、Mn—O—H和C—O/C=O[图4.41（c）]。Mn 2p的XPS光谱在641.4eV和653.1eV附近显示两个主峰（自旋能量分离为11.7eV），分别对应于Mn 2p3/2和Mn 2p1/2的结合能[图4.41（d）]。这与文献中MnO_2的报道一致，表明在获得的$rGO-MnO_2$电极中存在Mn（IV）元素[157]。

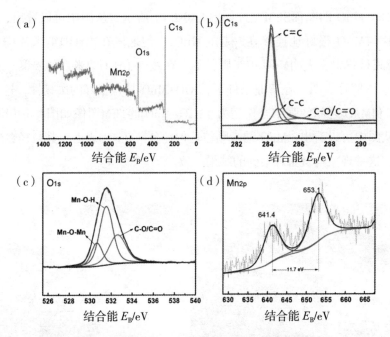

图4.41 rGO–MnO$_2$复合材料的全谱（a），C 1s谱（b），O 1s谱（c）与Mn 2p谱（d）

    图4.42（a）为rGO和rGO–MnO$_2$在20mV/s下的CV曲线。rGO的CV曲线呈现矩形，这是因为rGO为双电层电容。rGO–MnO$_2$的CV曲线偏离了理想的矩形形状，源于法拉第赝电容性质。图4.42（b）显示了rGO–MnO$_2$电极在不同扫描速率下（20~200mV/s）的CV曲线。即使在高扫描速率下，所有CV曲线均显示出相似的形状。rGO和rGO–MnO$_2$电极在2A/g的电流密度下的恒流充放电曲线如图4.42（c）所示。rGO的曲线呈现典型的三角形形状，表明rGO电极充放电过程具有可逆性。基于放电曲线计算出rGO–MnO$_2$电极的比电容为244F/g，由于MnO$_2$的法拉第反应的贡献，该数值远高于rGO的比电容（138F/g）。根据氧化锰基电极的电荷存储机制，Mn（IV）和Mn（III）的共存有利于对电容的贡献。Mn（IV）和Mn（III）的共存可以促进更多离子缺陷的形成，从而可以加速表面氧化还原反应的动力学，并将反应位点从电极的表面延伸到电极的亚表面[158]。

    为了了解rGO–MnO$_2$电极的倍率性能，在不同电流密度下对电极电化学性能进行了表征，如图4.42（d）所示。rGO–MnO$_2$电极的比电容可以根据放电时间计算，比电容与电流密度的关系如图4.43所示。rGO–MnO$_2$电极的比电容值在电流密度为2A/g、4A/g、8A/g和10A/g时分别为244F/g、181F/g、169F/g和142F/g，均高于rGO电极的比电容。

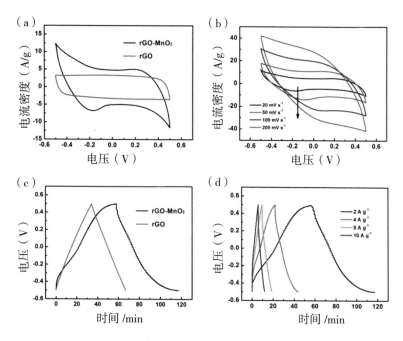

图4.42　rGO 与rGO-MnO$_2$复合材料在20mV/s的CV图（a），rGO-MnO$_2$在不同扫速下的CV图（b），rGO 与rGO-MnO$_2$复合材料在2A/g电流密度下的DC曲线（c），rGO-MnO$_2$在不同电流密度下的DC图（d）

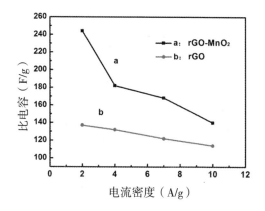

图4.43　比电容与电流密度的关系图

柔性rGO-MnO₂电极在不同弯曲角度下的CV曲线如图4.44（a）所示，在不同的弯曲角度下，CV曲线表现出几乎相同的形状，表明该柔性电极电容行为的稳定性。rGO-MnO₂电极在2A/g的电流密度下的循环次数与电容保留率的关系如图4.44（b）所示，rGO-MnO₂电极的比电容在1000次循环后表现出85.6%的保留率。rGO-MnO₂电极优异的循环性能解释如下：一方面，MnO₂防止了rGO纳米片的团聚或重组。另一方面，rGO可以缓冲充电/放电过程中的体积变化。制备的rGO-MnO₂有望成为柔性高性能超级电容器的电极材料。

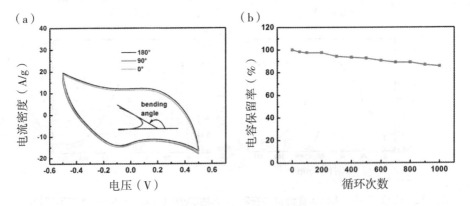

图4.44   rGO-MnO₂在不同弯曲角度下的CV曲线（扫速为50mV/s）（a），
rGO-MnO₂电极循环次数与电容保留率关系图（2A/g的电流密度）（b）

4.4.4   本节小结

通过在GO和KMnO₄混合溶液两端施加正负脉冲电信号，采用简单的电化学方法合成了柔性rGO-MnO₂复合材料。rGO-MnO₂电极显示出244F/g的高比电容和优异的循环稳定性。因此，rGO-MnO₂有望成为柔性高性能超级电容器的电极材料。

第5章　N掺杂三维网状石墨烯的制备及其电化学性能研究

5.1　概述

为进一步研究石墨烯的电化学性能，制备性能更佳的超级电容器电极材料，除了从石墨烯的结构构筑方面出发外，另一种有效的方法是对石墨烯的电子结构进行调控。采用直接裁减、控制层数及掺杂等方法可以改变石墨烯的电子结构，从而实现对其电子特性的调控。其中，对石墨烯电子结构的掺杂是常见的一种手段，主要的掺杂方法可分为三类：异种原子的微量掺杂、官能团的化学修饰及外加静电场的调控[153]。对石墨烯施加外加静电场的作用，可以通过改变栅极电压的大小和极性改变石墨烯的费米能级，但不能打开其电子带隙；而通过异种原子掺杂和化学修饰可以打开石墨烯的电子带隙，调整其费米能级，从而达到调控电子结构的目的，但化学修饰往往由于强烈的化学反应对石墨烯的碳原子结构造成严重的破坏，因而利用异种原子掺杂对石墨烯电子结构进行调控是一种较可行且有效的方法。

在大量掺杂剂中，N原子含有5价电子可以与C原子形成强烈的共价键，而且N原子和C原子半径相近。因此，N原子比较容易掺杂到石墨烯的结构中，提高石墨烯的比电容性能和循环稳定性[154]。目前，化学气相沉积法、分离生长法、电弧放电法、等离子体处理等多种方法被用来制备N掺杂的石墨烯。然而这些掺杂N的方法制备成本高、条件苛刻而且产量少。通过液相反应将N原子掺杂到石墨烯结构中被认为是一种可以实现低成本大规模制备N掺杂石墨烯有效制备方法[155-157]。基于此，本章利用氧化石墨烯与浓氨水进行水热反应对石墨烯进行掺杂，氨水既作为还原剂又作为N源。反应过程中，氧化石墨烯相互搭接形成石墨烯水凝胶，辅助后期真空冻干方法，最后得到了具有三维网络结构的N掺杂石墨烯。我们对所制备的样品的还原过程与掺杂过程进行详细研究，并进一步研究了其作为对称型电容器电极材料的电容性能。结果表明：本章节所提供的方法制备的N掺杂的石墨烯具有很好的储能性能。

5.2　实验部分

5.2.1　N掺杂三维网状石墨烯的制备

（1）配35mL GO溶液，在其中加入15mL浓氨水，用磁力搅拌仪搅拌30min进行混合。

（2）将混合好后的溶液转移到100mL的聚四氟乙烯反应釜中密封，放入烘箱中在170℃分别反应6h，9h，12h与20h。

（3）将产物用去离子水进行冲洗，并将其真空冻干，即得到N掺杂三维网状石墨烯，其制备流程图如图5.1所示。

根据步骤（3）中反应时间的不同，对N掺杂石墨烯进行命名（N-G-6h，N-G-9h，N-G-12h与N-G-20h）。

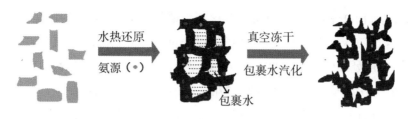

图5.1　N掺杂三维网状石墨烯的制备流程图

5.2.2　电化学性能测试

将2个厚度相等的样品N-G-20h利用压片机压成直径为10mm的圆片作为工作电极。将吸附有2MKOH电解液的滤纸作为分开两电极的隔膜。另外大小相等的泡沫镍作集电极压到工作电极两边。

电化学数据都是用CHI660E型电化学工作站测试（上海辰华仪器公司）。循环伏安曲线（CV）和恒电流充放电测试的电位窗口为-0.5～0.5V。电化学阻抗谱图在开路电位下进行，振幅为5mV，频率范围10^5～0.1Hz。

电极材料根据循环伏安曲线和充放电曲线的比电容以及电容器的功率密度和能量密度按照第4章的公式（4.2.1）～（4.2.4）计算。

5.3　结果与讨论

5.3.1　X射线衍射光谱分析

图5.2为样品GO，N-G-6h，N-G-9h，N-G-12h与N-G-20h的XRD图。

图中位于11.09°的衍射峰归属于氧化石墨烯的（002）晶面的特征衍射峰，根据布拉格方程$2d\sin\theta=n\lambda$计算得出其层间距为0.79nm，当氧化石墨烯经过水热反应处理6h后，11.09°的衍射峰完全消失，在24.80°处都出现了一个衍射峰，对应于晶面的层间距为0.37nm，随着水热处理时间的增加，该特征衍射峰逐渐增大，表明石墨烯的层间距逐渐减小，到了反应时间为20h时，该特征衍射峰增大到25.4°，经过计算，可以得出此时石墨烯的层间距为0.351nm，依然大于石墨烯的层间距0.335nm，表明氧化石墨烯表面仍然含有未被移除的含氧官能团[158]。

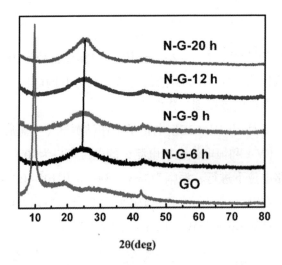

图5.2　样品GO，N-G-6h，N-G-9h，N-G-12h与N-G-20h的XRD图

5.3.2　导电性分析

图5.3为样品N-G-6h，N-G-9h，N-G-12h与N-G-20h的电导率曲线图，从图中可以看出，在6～12h，随着反应时间的增大，电导率逐渐增大，但是反应时间为20h时，所得产物的电导率并没有继续增大，而是略有降低。另外，如果只用氧化石墨烯在同样温度下进行水热反应（反应时间为20h），制

得产物的电导率仅为0.5S/m，这个数值远远小于此反应中所得产物的电导率。这个现象说明氨水在此反应中，不仅是作为氮源，而且对氧化石墨烯的还原与石墨烯晶体结构的恢复也具有很大的作用。

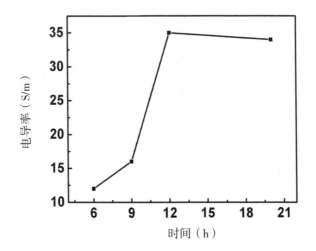

图5.3　样品N-G-6h，N-G-9h，N-G-12h与N-G-20h的电导率曲线图

5.3.3　红外吸收光谱分析

图5.4为样品N-G-6h，N-G-9h，N-G-12h与N-G-20h的红外吸收光谱图，从图中可以发现4个样品在1290/cm与1630/cm处都出现吸收峰，这分别对应于苯环中的C-N与C=N键的伸缩振动峰。说明了经过水热反应后，氨水中的氮原子成功地掺杂到石墨烯结构中，并与苯环上的C原子进行成键。

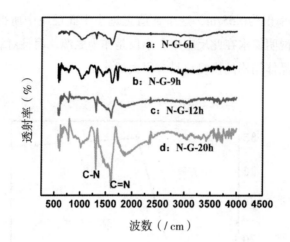

图5.4　样品N-G-6h，N-G-9h，N-G-12h与N-G-20h的红外吸收光谱图

5.3.4　X射线光电子能谱分析

图5.5（a）中是GO，N-G-6h，N-G-9h，N-G-12h与N-G-20h的C1s、N1s与O1s的谱图。从图中可以看出，随着反应时间的增长，C的含量逐渐增大，O的含量逐渐减低。N原子也逐渐掺杂到石墨烯结构中。图5.5（b）是GO的C1s谱图。它的特征峰主要包括以下几种：C=C（284.0eV），C-C（284.5eV），C-O（286.3eV）和C=O（288.1eV），经水热反应后，C-O/C=O信号峰随着时间的增加逐渐减弱，表明了很好的还原效果。值得注意的是，在285.3eV处出现了一个新的峰，对应于C=N键，C-N峰大约在286eV处，被C=O的峰掩盖。这些结果表明，N原子已经很好地掺杂到了石墨烯的结构中去。

表5.1列出了由XPS分析得出的GO以及N-G样品中的C、O、N的原子百分比含量。我们可以看出，氧化石墨烯被还原以后，C原子个数明显增加，O原子个数明显下降。反应0到6h，以还原为主，C含量增大，O含量减少，N的掺杂较少，反应6~9h，C含量增多不明显，N掺杂量增大，这个过程以掺杂为主，还原为辅，反应9~12h，N掺杂的速度减慢。20h时所得样品的还原情况与掺杂情况都趋于稳定。

　　为了进一步了解N在石墨烯结构中可能的掺杂方式，我们对N–G–6h，N–G–9h，N–G–12h与N–G–20h样品的Nls谱图进一步研究。如图5.6所示，每个样品的Nls都显示了三个峰，分别代表三种类型氮键：pyridinicN（398.0eV），pyrrolic N（399.2.0eV）和 quatemary–type 的N（401.7eV）。quatemary–type 的N 包括graphitic N 和 R–NH$_3^+$类型的N[159, 160]。

　　从图中可以看出，随着反应时间的增加，quatemary–type的N减少，pyridinic N增加，pyrrolic N也略有增加的趋势。可能是由于反应过程中，NH$_3$与氧化石墨的含氧官能团进行反应，形成N掺杂的石墨烯中间产物（比如氨基化合物和胺）[161]，然后继续脱H$_2$O和脱CO形成相对稳定的pyridinic N和pyrrolic N[162,163]。随着反应时间增加，部分R–NH$_3^+$类型的N转化为pyridinic N，导致quaternary–type的N类型减少，而pyridinic N或者pyrrolic N类型的N增加。

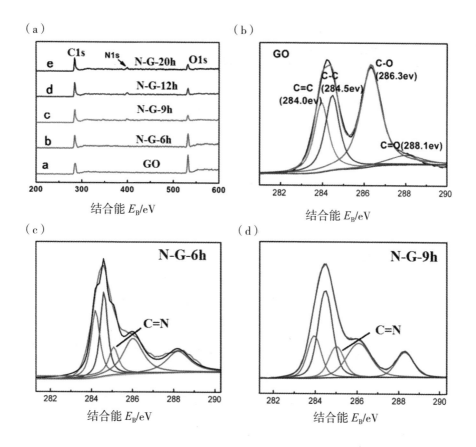

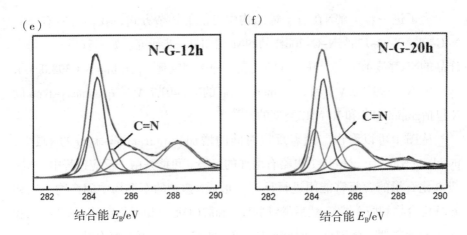

图5.5　GO，N–G–6h，N–G–9h，N–G–12h与N–G–20h的C1s、N1s与O1s的谱图（a）
以及GO，N–G–6h，N–G–9h，N–G–12h与N–G–20h的C1s谱图（b–f）

表5.1　GO与N–G样品中的原子种类及百分比含量

samples	C(at.%)	O(at.%)	N(at.%)	C/O	C/(N+O)
GO	66.72	33.28	0.00	2.05	2.05
N–G–6 h	79.33	19.70	0.97	4.02	3.84
N–G–9 h	80.63	15.63	3.74	5.15	4.16
N–G–12 h	82.22	13.26	4.52	6.20	4.62
N–G–20 h	83.37	11.92	4.81	7.00	4.98

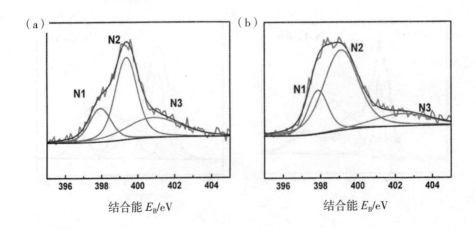

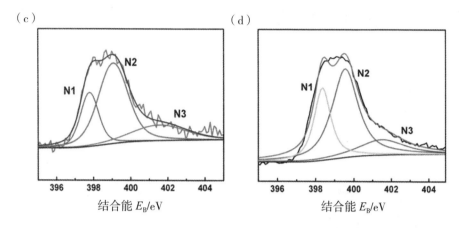

图5.6　N-G-6h，N-G-9h，N-G-12h与N-G-20h样品的N1s谱图

5.3.5　扫描电镜分析

我们选择反应时间最短的样品N-G-6h与反应时间最长的样品N-G-20h作扫描电镜测试，对其进行形貌分析（图5.7）。从图中可以看出，这两种情况下得到的样品形貌基本一致，都出现石墨烯片随意堆积所形成的三维微米/亚微米多孔网状结构。与水热反应6h制得的三维网状结构相比，水热反应时间为20h时得到的结构更紧密一些。这种独特的三维多孔网状结构有效地阻止了由石墨烯片层间 π-π 相互作用和范德华力引起的片层的团聚，从而更有利于N-G电极与电解液充分接触，提高储能密度。

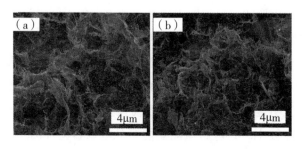

图5.7　N-G-6h（a）与N-G-20h（b）的扫描电镜图

5.3.6　透射电镜分析

图5.8为N–G–6h与N–G–20h的透射电镜图，从图中也可以看出这两种样品形貌近似相同，均为网络状的结构，这与图5.7中扫描电镜图中所观察到的结构一致。

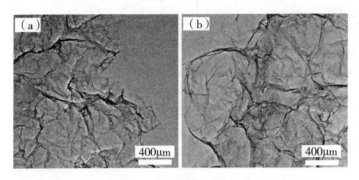

图5.8　N–G–6h（a）与N–G–20h（b）的透射电镜图

5.3.7　电化学性能测试

对三维网状石墨烯进行电化学性能测试时，所用的电极材料为样品N–G–20h，以下简称"N–G"。图5.9（a）~（c）为N–G材料组装成的电容器在不同扫速下的循环伏安图。从图中可以看出，当扫速为5mV/s时，循环伏安图为很明显的矩形图，这说明电压在改变方向的瞬间电流就达到最大值，充放电的可逆性良好，均符合理想的电容行为。但当扫速逐渐增大后，循环伏安图中所呈现的矩形图逐渐发生扭曲，从扫速为50mV/s开始，扭曲程度逐渐变大[图5.9（c）]。这种现象与前面第4章中用石墨烯枝晶组装成的网状石墨烯一样，说明这种网络结构不太容易发生快速充/放电反应。这可能是由于当扫描速度较小时，电解质离子能充分进入石墨烯的三维网络结构中去，但当扫描速率较大时，电解质离子不能及时扩散到石墨烯电极材料的网络结构中，从而导致循环伏安曲线偏离矩形的程度较大。

图5.9（d）是比电容随扫速的变化图，从图中可以看出，在扫速为5mV/s时，电极材料质量比电容可以达到220F/g；远高于普通三维网络石墨烯的质量比电容（第4章第3节中，扫速为5mV/s时，比电容为125F/g），当扫速为20mV/s时，比电容也可以达到200F/g，该值是普通石墨烯粉体电容的两倍（100F/g，扫描速率20mV/s[148]）。这些都说明掺杂后的石墨烯网络结构具有更优异的电化学电容性能。另外，从该图也可以看出，随着扫描速度增大，比电容逐渐减小，而且减小速度较快，说明掺杂后的三维网状石墨烯也不适合大电流充放电。

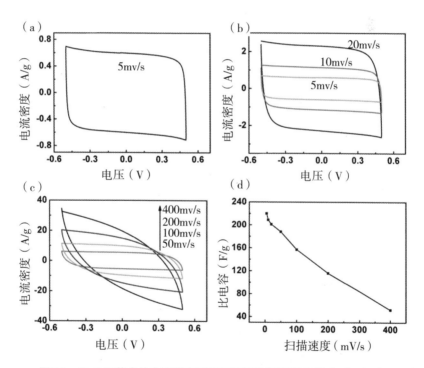

图5.9　N–G组装成的电容器在不同扫速下的循环伏安图（a）~（c），及比电容随扫速的变化图（d）

图5.10为N–G装成的电容器在不同电流密度下的充放电曲线。从图中可以看出，在不同电流密度下，充放电曲线均呈现出典型的三角形形状，线性

关系也很好，表明它具有很好的电容特性。而且充放电曲线在整个电压范围内对称性很好，表明其充放电时间近似相同，具有高的充放电效率。

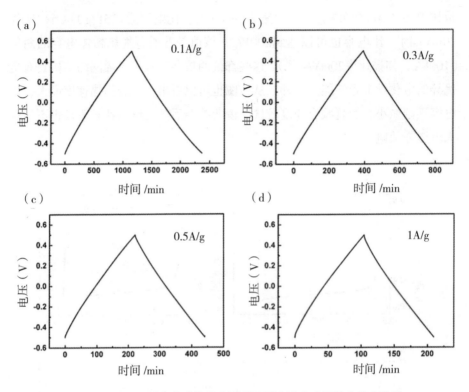

图5.10　N–G材料组装成的电容器在不同电流密度下的充放电曲线

图5.11为比电容随电流密度的变化图。从图中可以看出比电容随着电流密度的增大而减小，当电流密度为0.1A/g时，比电容可以高达250F/g。

图5.12为N–G材料组装成的电容器的Ragone图，从图中可以看出，当功率密度为25w/kg时，该电容器的能量密度可以达到8.68Wh/kg。当功率密度为1371w/kg时，该电容器的仍然能量密度可以达到5.1Wh/kg。

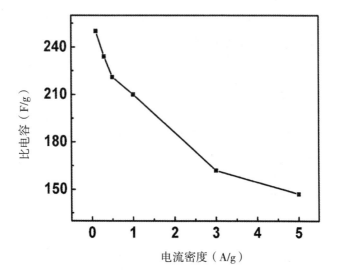

图5.11　比电容随电流密度的变化图

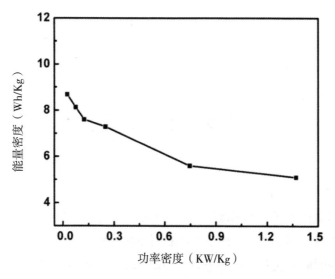

图5.12　N-G材料组装成的电容器的Ragone图

　　超级电容器具有较好稳定性对其实际应用有重要意义。图5.13所示为N-G材料组装成的电容器在恒流充放电电流密度为5A/g时，进行连续多次循环充放电其比电容值随循环次数的变化情况。从图中可以看出循环2000次后，电容值还可以保持在95%左右，这表明N–G的材料具有良好的耐久性，是一种很好的超级电容器电极材料。

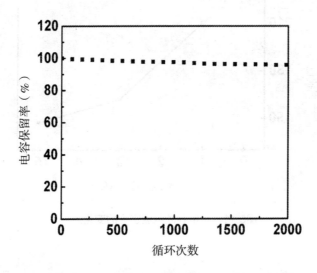

图5.13　N–G材料组装成的电容器的循环寿命图

5.4　本章小结

本章以氨作为还原剂和氮掺杂剂与氧化石墨烯进行反应，并辅助真空冻干方法，制备得到了氮掺杂的三维网状石墨烯材料。反应过程中，系统研究了不同反应时间氧化石墨烯的还原与掺杂情况，并将样品作为电极材料组装成电容器进行电化学性能测试，具体结论如下。

（1）水热反应0～6h，氧化石墨烯以还原为主，C含量增大，O含量减少，N的掺杂较少；反应6～9h，N掺杂量增大，这个过程以掺杂为主，还原为辅；反应9～12h，N掺杂的速度减慢；反应20h以后，产物还原情况与掺杂情况都趋于稳定，N的最大掺入量为4.81%。

（2）在0～12h内，随着反应时间的增大，电导率逐渐增大，但是反应为20h时，所得产物的电导率并没有继续增大，而是略有降低。

（3）电化学性能测试结果表明：当扫速为5mV/s时，电极材料质量比电容可以达到220F/g，远高于普通三维网络石墨烯的质量比电容（第4章第3节中，扫速为5mV/s时，比电容为125F/g）。而且，该材料组装成的电容器具有很好的耐久性，该电容器循环2000次后，电容值还可以保持在95%左右，这些都说明：我们所制备得到的氮掺杂的三维网状石墨烯是一种优异的超级电容器电极材料。

第6章 基于N掺杂三维网状石墨烯的高比能量混合型电化学电容器

6.1 概述

超级电容器是一种新型储能装置，它最主要的特点就是具有高的功率密度，其放电电流可以达上百安培，能够满足汽车在启动、加速、爬坡时对于功率的要求。如果与动力电池配合使用，则可以提供能量缓冲区，从而降低大电流充放电对电池系统的伤害，延长电池的寿命。与此同时，超级电容器还能通过再生制动系统较好地储存瞬间能量，提高能量利用率。此外，在某些特殊情况下，超级电容器的高功率密度输出特性，会使它成为良好的应急电源。正是由于其具有出色的应用前景，使得超级电容器的研究正在逐步成为储能领域的一个研究热点。

近几年的研究表明超级电容器虽然具有高的功率密度，但是其能量密度仍然很低（不及先进电池的10%）。原因主要是：超级电容器是利于电极材料的表相和近表相来储能的（如活性炭和二氧化锰）。而电池主要是依靠电极材料的体相来储能的（如锂离子电池中的磷酸铁锂与锰酸锂）。为了解决这个问题，进一步提高超级电容器的能量密度，2001年，日本科学家Amatucci等首次提出并发明了混合型电容器（又可以称为电池电容器）[164]。这种混合电容器中一个电极使用电池的电极材料，而另一个电极采用可以产生双电层电容的电极材料（如活性炭）。这种混合电容器结合了超级电容器的优点（具有快的充放电速度和长的循环使用寿命）和电池的特点（较高的能量密度）。目前这一种混合电容器已经逐渐成为超级电容器研究的一个热点[165–174]。

　　目前这种混合型电容器主要分为两种：一种是电池的电极材料作负极，电容的电极材料作正极，充放电过程中主要是依靠电解液中阴阳离子分别向两个电极吸附/脱附或者是嵌入/脱出来实现的（如AC/Li$_4$Ti$_5$O$_{12}$），但是这种电容器会消耗电解质离子，不仅降低了电容器的能量密度，而且还会缩短其循环使用寿命；另一种是复旦大学夏永姚课题组提出的"摇椅式电容器"[175]，其用电池的电极材料作正极，电容的电极材料作负极。整个充放电过程不再消耗电解液，而是主要依靠Li离子在两个电极中来回转移，达到正极时发生嵌入脱出反应，到达负极时发生吸附/脱附反应来实现充放电过程的。这种电容器克服了第一种类型混合电容器在充电过程中电解质溶液消耗的问题，而且具有更高的比能量。在这两种混合型超级电容器中，功率密度都是主要受电池电极的制约，能量密度主要受电容电极的制约。在已报道的文献中，电容电极材料主要是用活性炭来开展研究的，探索研究新的具有高比容量的电容电极材料，对于高比能量混合型电容器的开发具有非常重要的意义。

　　石墨烯又称单层石墨，是一种由碳原子按正六边形紧密排列成蜂窝状晶格的单层二维平面结构，它具有高的比表面积、极好的导电性，是超级电容器的理想电极材料。在第5章的研究中，我们通过对石墨烯进行宏观结构组装与掺杂处理制备得到了N掺杂三维网络状石墨烯，该材料的电化学性能测试结果表明：当电流密度为0.1A/g时，其比电容可以达到250F/g，远高于普通商业活性炭的比电容[176, 177]。在本章中，我们用该材料作电容电极材料，锰酸锂作电池电极材料，组成"摇椅式电容器"（又称锂离子电容器或混合型电容器）进行性能测试。另外，为了比较混合型电容器与对称型电容器的不同，我们在相同的条件下组装了基于N掺杂网状石墨烯的对称型电容器，并对其进行了电化学性能测试。

6.2 实验部分

6.2.1 单电极性能测试

本章中我们所用的N–G全部是第5章中反应20h得到的产物，在这里为了方便研究，简称为N–G。先分别对作为正极材料的$LiMn_2O_4$与作为负极材料的N–G用三电极法进行电化学性能测试。其中饱和甘汞电极与铂电极分别作为参比电极（SCE）与对电极，2mol/L的$LiNO_3$溶液作电解液，工作电极为$LiMn_2O_4$或N–G，图6.1为三电极测试法的实物图。

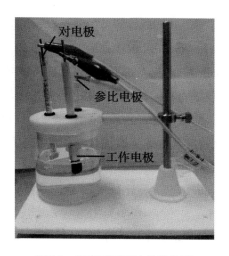

图6.1 三电极测试法的实物图

$LiMn_2O_4$工作电极制法：用$LiMn_2O_4$作为活性物质，将其与导电剂炭黑，粘结剂聚四氟乙烯PTFE（60%）按照质量比为80∶15∶5混合，加入少量去离子水作为分散剂，于研钵中研磨混合均匀，辊压成薄片状结构，将其裁成边长为6mm的正方形，在烘箱中烘6h，将干燥后的正方形状电极压到10mm×15mm的长方形泡沫镍电极上，作为待测工作电极。

N–G工作电极制法：直接将第5章中反应20h制备得到的N–G压成薄片并裁成边长为6mm的正方形，在烘箱中烘6h，将干燥后的正方形状电极压到10mm×15mm的长方形泡沫镍电极上，作为待测工作电极。

根据三电极测试法，在恒流充放电中，电极材料的放电电容用以下公式计算：

$$C_m = I \Delta t / \Delta V_m \qquad （6.2.1）$$

式中，I是电流；Δt是放电时间；m是活性物质的质量；ΔV为在放电时候的电压差（1–iR）。

6.2.2 混合型电容器性能测试

分别将$LiMn_2O_4$电极与N–G电极按照6.2.1中的制法，压成薄片状结构。将它们裁成直径为10mm的圆片，在烘箱中烘6h，将干燥后的圆片状电极压到同样大小的圆片状泡沫镍电极上，作为电容器中的电极材料。制备好的电极材料在组装成电容器前先在2mol/L的$LiNO_3$溶液（pH=7）中真空浸泡6h。

将$LiMn_2O_4$为正极材料，N–G为负极材料组装成三明治型混合电容器进行性能测试（吸附有2mol/L $LiNO_3$电解液的滤纸作为分开两电极的隔膜）。

功率密度与能量密度用下列公式计算：

$$P = \Delta E \times I/m \qquad （6.2.2）$$

$$E = Pt \qquad （6.2.3）$$

$$\Delta E = (E_{max} + E_{min})/2 \qquad （6.2.4）$$

式中，E_{max}放电过程的起始电压；E_{min}是放电平台结束的电压；I是充放电电流；t是放电时间；m是混合电容器中活性材料质量（包括正极和负极）。

6.2.3　对称型电容器性能测试

为了比较混合型电容器与对称型电容器的不同，我们组装了基于N掺杂网状石墨烯的对称型电容器，将厚度相同的两块N–G电极压成薄片状结构。将它们裁成直径为10mm的圆片，在烘箱中烘6h，将干燥后的圆片状电极压到同样大小的圆片状泡沫镍电极上，作为电容器中的电极材料。制备好的电极材料在组装成电容器前也先在2mol/L的$LiNO_3$溶液中（pH=7）真空浸泡6h。

将这两片电极材料组装成三明治型电容器进行性能测试（吸附有2mol/L $LiNO_3$电解液的滤纸作为分开两电极的隔膜）。

比电容、功率密度与能量密度分别按照第4章中公式（4.2.2）~（4.2.4）进行计算。

在本章的研究中循环伏安曲线（CV）和恒流充放电测试（DC）都是在CHI660E型电化学工作站上完成的(上海辰华仪器公司)。电池循环寿命测试是用武汉蓝电提供的CT2001A型电池测试系统完成的。

6.3　结果与讨论

6.3.1　$LiMn_2O_4$结构与形貌测试

图6.2为$LiMn_2O_4$的XRD图，从图中可以看出该样品所出现的主要衍射峰与纯尖晶石相一致，说明实验中所使用的$LiMn_2O_4$样品为尖晶石结构，属Fd3m立方晶系。另外，所出现的衍射峰大多峰形尖且强度大，说明该$LiMn_2O_4$样品有很高的结晶性。这有利于锂离子在充放电过程中的嵌入脱出反应。图6.3为$LiMn_2O_4$的XPS图，从图中可以看出，$LiMn_2O_4$样品中的每一

个元素（Li，Mn与O）都在XPS图谱上被检测了出来，结合能位于53.8eV，531.0eV与642.2eV处的峰分别对应于Li1s，O1s与Mn2p。

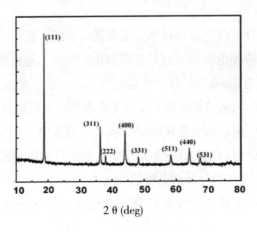

图6.2　LiMn$_2$O$_4$的XRD图

图6.4为LiMn$_2$O$_4$的SEM图，由图可知，该LiMn$_2$O$_4$样品颗粒多数表面光滑，而且棱角清晰可见，这都说明样品具有良好的结晶度。另外，该样品颗粒尺寸大部分为亚微米级，这有利于锂离子的脱出/嵌入和增强材料的抗畸变能力，但是其中也有少部分颗粒较大的样品，大颗粒不利于锂离子的扩散，但抗腐蚀能力得到增强。

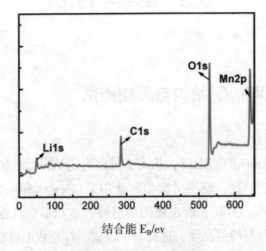

图6.3　LiMn$_2$O$_4$的XPS图

图6.4 不同放大倍数下LiMn$_2$O$_4$的SEM图

6.3.2 单电极性能测试结果

我们在组装混合型电容器的时候是利用的水系电解液，在水系环境下反应的电极要考虑在充电过程中正极的析氧情况与负极的析氢情况。图6.5为三电极法测试的LiMn$_2$O$_4$电极的CV图，从图中可以看出，位于1.05V与1.17V（vs.NHE）处分别有一对氧化还原峰，这与锂离子在有机电解液中4.04V与4.17V（vs.Li/Li$^+$）处的氧化还原峰相对应，这两对峰是由于Li$^+$在LiMn$_2$O$_4$电极材料中插入/脱嵌反应造成的。另外，我们也可以看出当电位为1.4V时电流迅速增大，表明此时电极上有大量的氧气产生，即发生了析氧反应。根据能斯特方程（E =1.23–0.059×pH），在pH为7的LiNO$_3$溶液中理论析氧电位应该为0.81V（vs.NHE），而本实验中LiMn$_2$O$_4$电极材料的实际析氧电位远高于计算出的理论析氧电位值，这是由于锰酸锂电极材料在充电过程中产生过电位，使析氧电位增大引起的，大的析氧电位可以扩大后续电容器的工作电压范围。为了确保正极不发生析氧反应，我们设置LiMn$_2$O$_4$电极的安全电压最大不能超过1.3V（vs.NHE）。图6.6为三电极法测试的N–G电极的CV图，从图中可以看出，在扫描电压窗口为–0.5～0.2V时，N–G的循环伏安曲线接近于平行四边形，该曲线对应于锂离子在N–G表面形成双电层时的吸附和脱附过程。在电压小于–0.6V时，电流迅速减小，该电极上发生了析氢反应，高于理论析氢电位–0.41V（E=–0.059 x pH），根据上述研究，综合考虑两电极没有析氧析氢时的情况，其最高工作电压应分别设在1.3V和–0.5V vs.NHE。组合成混合型电容器后，最高工作电压可以达到1.8V，该数值远高于水的理论分解电压1.2V，这说明电容器在实际组装过程中，可以通过选择不同的电极材料与合适的电解质体系来扩大实际工作电压，从而获得具有高能量密度的储能器件。

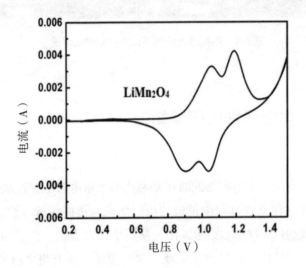

图6.5　三电极法测试的LiMn₂O₄电极的CV图

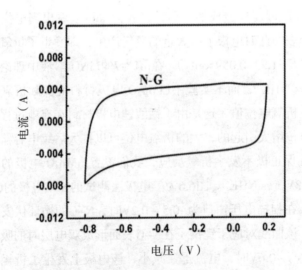

图6.6　三电极法测试的N–G电极的CV图

6.3.3　对称型电容器性能测试结果

图6.7（a）为N–G对称型电容器在不同扫速下的CV图，从图中可以看出，N–G电极在LiNO₃溶液作电解液的情况下，曲线也类似于矩形，表明电压改变方向的瞬间电流快速达到最大值，具有较好的电化学电容性能。但是在本章中，为了与混合型电容器作比较，用N–G组装成的对称型电容器所使用的电解液是pH=7的2mol/L LiNO₃溶液，在第5章中，使用的电解液为2mol/L KOH，所以在相同扫速下，本章所测出来的CV曲线[图6.7（a）]与第5章所测出来的CV曲线[图5.9（b）]相比，矩形程度有所扭曲。图6.7（b）为N–G对称型电容器在不同电流密度下的DC图。从该图可以看出，恒流充放电曲线有对称的三角形形状，表明了很好的电化学电容行为。图6.8为基于恒流充放电曲线所计算出的比电容随电流密度的关系图，从图中可以看出，当电流密度为0.1A/g时，电极的比电容可以达到180F/g（50mAh/g）。

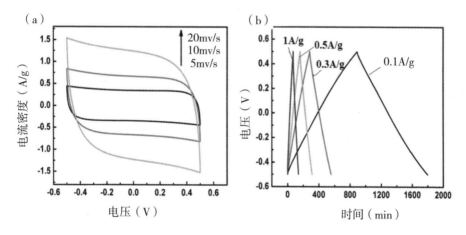

图6.7　N–G对称型电容器在不同扫速下的CV图（a）与不同电流密度下的DC图（b）

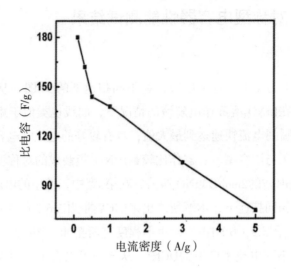

图6.8　比电容随电流密度的关系图

6.3.4　混合型电容器测试结果

组装混合型电容器的时候，为了使充电上限达到1.8V（正极充电上限为1.3V，负极充电上限为–0.5V），可以通过控制正负极活性物质的质量比为1∶1.5来达到（正极$LiMn_2O_4$比电容为77 mAh/g，负极N–G比电容为50mAh/g），此时正负极容量配比为1∶1，它们可以同时达到充电电压上线。

按照正负极活性物质质量配比为1∶1.5来组装混合型电容器，测试其电化学性能。图6.9为在不同电流密度下电容器的恒流充放电曲线，从该图可以发现组装成的混合型电容器充放电曲线对称，在1.8V处开始放电，到0.8V时放电停止，平均工作电压为1.3V。但其充放电曲线与对称型电容器的曲线[图6.7（b）]明显不同，这是由于该电容器在充放电过程中，两个电极的工作原理完全不同造成的。在充电过程中，Li^+吸附到N–G电极表面，放电的时候，附着在表面的Li^+发生脱附现象，而在$LiMn_2O_4$晶体中，Mn与O以较强的共价键构成Mn_2O_4立体网，Li^+完全离子化，充放电过程可以直接出入晶体。充放电过程中，电容器电极可能的充放电方程式为：

正极：$Li^+[Mn^{3+}Mn^{4+}]O_4^- \Leftrightarrow Li_{1-x}+[Mn^{3+}Mn^{4+}]O_4^-+xLi^+ +xe^-$

负极：$N-G + xLi^++xe^- \Leftrightarrow N-G(xe^-)+ //xLi^+(//代表双电层)$

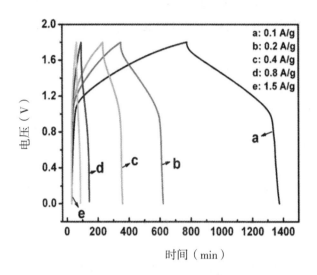

图6.9 混合电容器在不同电流密度下的恒流充放电曲线

（两电极材料质量比为1：1.5，充电范围为0～1.8V）

进一步地，根据公式（6.1）～（6.3）我们计算出了$LiMn_2O_4$/N-G锂离子电容器在不同电流密度下的能量密度与功率密度，并用功率密度做横坐标，能量密度做纵坐标作图（如图6.10中线a所示）。从线a可知，当功率密度为132w/kg时，该混合型电容器的能量密度可以达到22.15Wh/kg。当功率密度为2500w/kg时，能量密度仍可以保持在10.7Wh/kg。该$LiMn_2O_4$/N-G混合电容器与在相同条件下组装的N-G/N-G对称型电容器相比（图6.10中线b），在功率密度相同的情况下，前者的能量密度近乎是后者的3倍，这充分体现了混合型电容器与对称型电容器相比，具有高能量密度的优势。

图6.11中的线a为组装成的$LiMn_2O_4$/N-G型混合型电容器的循环寿命图，从图中可以看出循环2000次后，电容值保持在80%左右，电容的衰减可能是由于多方面的原因导致的，最主要原因应该是锰的溶解，在循环多次后，$LiMn_2O_4$晶格结构中的Mn^{3+}发生如下歧化反应：$2Mn^{3+}\Leftrightarrow Mn^{4+}+Mn^{2+}$，这就使得$Mn^{2+}$溶入电解液中导致电容衰减。另一个引起电容衰减的原因可能

是LiMn$_2$O$_4$晶格发生了Jahn-Teller效应，导致该结构发生不可逆相变，从而使容量衰减。而N-G /N-G对称型电容器（线b）在循环2000次后，比电容还可以达到90％以上，说明N-G电容电极在充放电过程中性能稳定，循环寿命长，进一步证实了该电容电极在混合型电容器中的作用与贡献。

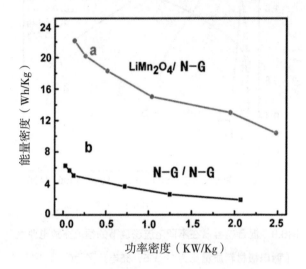

图6.10　能量密度与功率密度的关系图

线a：LiMn$_2$O$_4$/N-G型混合电容器线；线b：N-G/N-G双电层电容器

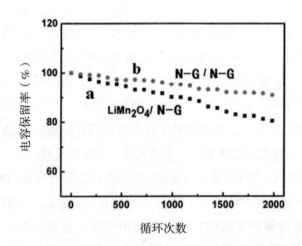

图6.11　LiMn$_2$O$_4$/N-G混合型电容器（线a）与N-G /N-G对称型电容器

（线b）的循环寿命图

6.4　本章小结

在本章中，我们用第5章制备得到的N掺杂三维网状石墨烯作电容电极材料，锰酸锂作电池电极材料，组成"混合型电容器"进行性能测试。在组装混合电容器前，先对单电极的最佳工作电压范围进行了研究。另外，为了比较混合型电容器与对称型电容器的不同，我们在相同的条件下组装了基于N掺杂网状石墨烯的对称型电容器，并对其进行了电化学性能测试。具体结论如下。

（1）单电极性能测试结果表明：正极没有析氧时的最高工作电压为1.3 V，负极没有析氢时的最高工作电压为–0.5V vs.NHE。

（2）在组装混合型电容器时，为了使其在充放电过程中达到最高工作电压1.8V，需对电极质量进行调配，使两电极容量比为1∶1（正负电极质量比为1∶1.5）。

（3）组装成的混合型电容器测试结果表明：当功率密度为132w/kg时，混合型电容器的能量密度可以达到22.15Wh/kg，是相同条件下组装的N–G/N–G对称型电容器的3倍。充分体现了混合型电容器与对称型电容器相比，具有高能量密度的优势。

（4）组装成的$LiMn_2O_4$/N–G混合型电容器循环2000次后，电容值还可以保持在80%左右，体现了其较好的循环稳定性。而N–G /N–G对称型电容器在循环2000次后，比电容还可以达到90%以上，说明了N–G电容电极在充放电过程中性能稳定，进一步证实了该电容电极在混合型电容器高循环寿命中的作用与贡献。

第7章　结论与展望

7.1　结论

本书以石墨烯为研究主题，围绕石墨烯制备、组装、掺杂等过程中存在的相关问题开展研究，制备得到了一系列具有新型结构与优异性能的石墨烯衍生物，并以超级电容器为应用导向，对所制得的衍生物进行了电化学性能分析，具体结论如下。

（1）氧化石墨的脉冲电场剥离实验研究。

系统研究了反应时间、峰峰电压、电场频率与电极间距对氧化石墨剥离效果的影响。并用热力学原理对氧化石墨的电场剥离机理进行了研究。结果表明：在其他条件不变的情况下，剥离率与反应时间和峰峰电压成正比。反应时间越长，峰峰电压越大，剥离率越大。剥离率与频率和电极间距成反比，频率越小，电极间距越小，剥离效果越好。当氧化石墨颗粒与电场方向平行时，剥离反应最易发生。超声场的引入有利于提高氧化石墨的电场剥离率，在频率为5000Hz时，反应60min就能达到95.6%的剥离率。

（2）不同空间结构石墨烯衍生物的制备与电化学性能研究。

在氧化石墨烯的电化学还原过程中，通过调控各种工艺参数，使得其在电极上以不同的形貌（枝晶状与层状）沉积组装，最终获得不同空间构型（三维或二维）的石墨烯衍生物。在此过程中，分别对氧化石墨烯的电化学还原机理以及其电沉积组装过程进行了研究。研究结果发现：占空比的大小不仅决定氧化石墨烯的还原程度，还决定电极附近溶液的粒子组成情况，进而决定石墨烯在电极上的沉积组装行为。当占空比小于50%时，产生浓差极化过电位，粒子以枝晶状沉积，生成石墨烯枝晶沉积层。当占空比大于50%时，产生电化学极化过电位，粒子以薄膜状沉积，生成二维石墨烯薄膜。

用两电极法分别对制备得到的二维石墨烯薄膜与三维石墨烯网络结构作电化学性能测试。测试结果表明：石墨烯薄膜组装好的超级电容器经过2000次循环后，比电容的容量仍保持在91.3%，具有很好的耐久性。当扫描速度达到800mV/s时，其仍然具有很好的电化学电容行为。将该电容器从0°到180°发生任意角度弯曲，比电容几乎没有发生变化。而三维网络石墨烯电极与石墨烯薄膜电极相比，相同扫速下，三维网络石墨烯电极的比电容（当扫描速度为5mV/s时，比电容为125F/g）小于石墨烯薄膜电极的比电容。

（3）N-G的制备与电化学性能测试研究。

以氨作为还原剂和氮掺杂剂与氧化石墨烯进行水热反应，通过真空冻干方法辅助，得到了N-G材料。反应过程中系统研究了不同反应时间氧化石墨烯的还原与掺杂情况。结果表明：反应时间对N-G的形貌、电导率与N掺杂量具有重要的影响。当水热反应时间为20h，得到的N-G中N原子百分比为4.82%，C与O原子个数比为7∶1。将N-G作为电极材料组装成对称型电容器进行电化学性能研究测试，测试结果表明：当扫速为5mV/s时，比电容可以达到220F/g，是普通石墨烯粉体电容的两倍。将该电容器循环2000次后，电容值还可以保持在95%左右，体现了该电极材料很好的电化学电容行为。

（4）混合型电化学电容器的组装与电化学性能研究。

设计并组装了基于N-G的水系混合型电化学电容器。该电容器用锰酸锂作正极材料，N-G作负极材料，2mol/L LiNO$_3$作电解液。电化学性能测试结果显示：该混合电容器可以将对称型电容器的工作电压由1V提高到最高1.8V。在循环2000次后，电容值还可以保持在80%左右。在功率密度相同的情况下，该混合型电容器获得的能量密度（22.15Wh/kg）是对称型电容器（6.25Wh/kg）的3倍。

7.2　展望

　　由于时间以及科研条件上的限制，本课题仍有许多需要改进的方面，还有很多问题有待探讨，主要包括以下几点。

　　（1）对于氧化石墨颗粒电场剥离实验目前仅限于对电信号参数以及反应时间的研究。后续研究中可以考虑在溶液中引入一些小分子对氧化石墨颗粒层间进行插层或者修饰，这样可以使颗粒层间距增加，有望提高氧化石墨的剥离效率。

　　（2）目前制备的三维网状石墨烯孔隙深邃，作为电极材料使用时功率密度较低。可以通过调控氧化石墨烯电化学还原过程中的各项参数，探索开发形貌可控的新颖二维/三维复合结构。提高其功率密度，改善其电化学电容性能。

　　（3）在氮掺杂三维网络状石墨烯的过程中，氮的掺入量相对较低，尝试辅助别的办法，提高氮的掺杂情况。这对进一步提高电化学电容性能具有重要的意义。

参考文献

[1] Novoselov K S, Jiang D, Schedin F, et al. Two-dimensional atomic crystals[J]. Proceedings of the National Academy of Sciences, 2005, 102(30): 10451-10453.

[2] Meyer J C, Geim A K, Katsnelson M I, et al. The structure of suspended graphene sheets[J]. Nature, 2007, 446(7131): 60-63.

[3] Mermin N D, Wagner H. Absence of ferromagnetism or antiferromagnetism in one- or two-dimensional isotropic Heisenberg models[J]. Physical Review Letters, 1966, 17(22): 1133-1136.

[4] Novoselov K S, Geim A K, Morozov S V, et al. Electric field effect in atomically thin carbon films[J]. Science, 2004, 306(5696): 666-669.

[5] Geim A K, Novoselov K S. The rise of graphene[J]. Nature Materials, 2007, 6(3): 183-191.

[6] Jang B Z, Zhamu A. Processing of nanographene platelets(NGPs) and NGP nanocomposites: a review[J]. Journal of Materials Science, 2008, 43: 5092-5101.

[7] Geim A K. Graphene: status and prospects[J]. Science, 2009, 324(5934): 1530-1534.

[8] Lui C H, Liu L, Mak K F, et al. Ultraflat graphene[J]. Nature, 2009, 462(7271): 339-341.

[9] Avouris P, Chen Z H, Perebeinos V. Carbon-based electronics[J]. Nature Nanotechnology, 2007, 2(10): 605-615.

[10] Burghard M, Klauk H, Kern K. Carbon-based field-effect transistors for nanoelectronics[J]. Advanced Materials, 2009, 21(25-26): 2586-2600.

[11] Neto A H C, Guinea F, Peres N M R, et al. The electronic properties of graphene[J]. Reviews of Modern Physics, 2009, 81(1): 109-162.

[12] Du X, Skachko I, Barker A, et al. Approaching ballistic transport in suspended graphene[J]. Nature Nanotechnology, 2008, 3(8): 491-495.

[13] Lemme M C, Echtermeyer T J, Baus M, et al. Mobility in graphene double gate field effect transistors[J]. Solid-State Electronics, 2008, 52(4): 514-518.

[14] Lemme M C, Echtermeyer T J, Baus M, et al. A graphene field-effect device[J]. IEEE Electron Device Letters, 2007, 28(4): 282-284.

[15] Schedin F, Geim A K, Morozov S V, et al. Detection of individual gas molecules adsorbed on graphene[J]. Nature Materials, 2007, 6(9): 652-655.

[16] Subrahmanyam K S, Vivekchand S R C, Govindaraj A, et al. A study of graphenes prepared by different methods: characterization, properties and solubilization[J]. Journal of Materials Chemistry, 2008, 18(13): 1517-1523.

[17] McAllister M J, Li J L, Adamson D H, et al. Single sheet functionalized graphene by oxidation and thermal expansion of graphite[J]. Chemistry of Materials, 2007, 19(18): 4396-4404.

[18] Lee C, Wei X, Kysar J W, et al. Measurement of the elastic properties and intrinsic strength of monolayer graphene[J]. Science, 2008, 321(5887): 385-388.

[19] Meyer J C, Girit C O, Crommie M F, et al. Imaging and dynamics of light atoms and molecules on graphene[J]. Nature, 2008, 454(7202): 319-322.

[20] Balandin A A, Ghosh S, Bao W, et al. Superior thermal conductivity of single-layer graphene[J]. Nano Letters, 2008, 8(3): 902-907.

[21] Nika D L, Ghosh S, Pokatilov E P, et al. Lattice thermal conductivity of graphene flakes: Comparison with bulk graphite[J]. Applied Physics Letters, 2009, 94: 203103.

[22] Ghosh S, Nika D L, Pokatilov E P, et al. Heat conduction in

graphene: experimental study and theoretical interpretation[J]. New Journal of Physics, 2009, 11(9): 095012.

[23] Wang J, Zhu M, Outlaw R A, et al. Synthesis of carbon nanosheets by inductively coupled radio-frequency plasma enhanced chemical vapor deposition[J]. Carbon, 2004, 42(14): 2867-2872.

[24] Kim K S, Zhao Y, Jang H, et al. Large-scale pattern growth of graphene films for stretchable transparent electrodes[J]. Nature, 2009, 457(7230): 706-710.

[25] Srivastava S K, Shukla A K, Vankar V D, et al. Growth, structure and field emission characteristics of petal like carbon nano-structured thin films[J]. Thin Solid Films, 2005, 492(1-2): 124-130.

[26] Reina A, Jia X, Ho J, et al. Large area, few-layer graphene films on arbitrary substrates by chemical vapor deposition[J]. Nano Letters, 2009, 9(1): 30-35.

[27] De Arco L G, Zhang Y, Kumar A, et al. Synthesis, transfer, and devices of single- and few-layer graphene by chemical vapor deposition[J]. IEEE Transactions on Nanotechnology, 2009, 8(2): 135-138.

[28] Dato A, Lee Z, Jeon K J, et al. Clean and highly ordered graphene synthesized in the gas phase[J]. Chemical Communications, 2009(40): 6095-6097.

[29] Li L, Tsong I S T. Atomic structures of 6H-SiC(0001) and(0001) surfaces[J]. Surface Science, 1996, 351(1-3): 141-148.

[30] Seyller T, Bostwick A, Emtsev K V, et al. Epitaxial graphene: a new material[J]. Physica Status Solidi B-Basic Solid State Physics, 2008, 245(7): 1436-1446.

[31] Berger C, Song Z, Li X, et al. Electronic confinement and coherence in patterned epitaxial graphene[J]. Science, 2006, 312(5777): 1191-1196.

[32] Berger C, Song Z, Li T, et al. Ultrathin epitaxial graphite: 2D electron gas properties and a route toward graphene-based nanoelectronics[J]. The Journal of Physical Chemistry B, 2004, 108(52): 19912-19916.

[33] Hernandez Y, Nicolosi V, Lotya M, et al. High-yield production of graphene by liquid-phase exfoliation of graphite[J].Nature Nanotechnology, 2008, 3(9): 563-568.

[34] Lotya M, Hernandez Y, King P J, et al. Liquid phase production of graphene by exfoliation of graphite in surfactant-water solutions[J]. Journal of the American Chemical Society, 2009, 131(10): 3611- 3620.

[35] Liu N, Luo F, Wu H X, et al. One-step ionic-liquid-assisted electrochemical synthesis of ionic-liquid-functionalized graphene sheets directly from graphite[J]. Adv. Funct. Mater., 2008, 18(10): 1518-1525.

[36] Su C Y, Lu A Y, Xu Y P, et al. High-quality thin graphene films from fast electrochemical exfoliation[J]. ACS Nano, 2011, 5(3): 2332-2339.

[37] Brodie B C. XⅢ. On the atomic weight of graphite[J]. Philosophical transactions of the Royal Society of London, 1859(149): 249-259.

[38] Staudenmaier L. Method for the preparation of graphitic acid[J]. Ber Dtsch Chem Ges, 1899, 31(2): 1387-1481.

[39] Hummers W S, Offeman R E. Preparation of graphitic oxide[J]. Journal of the American Chemical Society, 1958, 80(6): 1339-1339.

[40] Nakajima T, Matsuo Y. Formation process and structure of graphite oxide[J]. Carbon, 1994, 32(3): 469-475.

[41] Lerf A, He H Y, Forster M, et al. Structure of graphite oxide revisited[J]. The Journal of Physical Chemistry B, 1998, 102(23): 4477-4482.

[42] Szabo T, Tombacz E, Illes E, et al. Enhanced acidity and pH-dependent surface charge characterization of successively oxidized graphite oxides[J]. Carbon, 2006, 44(3): 537-545.

[43] Zhang T Y, Zhang D. Aqueous colloids of graphene oxide nanosheets by exfoliation of graphite oxide without ultrasonication[J]. Bulletin of Materials Science, 2011, 34(1): 25-28.

[44] Li X, Wang X, Zhang L, et al. Chemically Derived Ultrasmooth Graphene Nanoribbon Semiconductors[J]. Science, 2008, 319(5867): 1229-1231.

[45] Li D，Muller M B，Gilje S，et al. Processable Aqueous Dispersions of Graphene Nanosheets[J]. Nature nanotechnology，2008，3(2)：101-105.

[46] Wang G X，Yang J，Park J，et al. Facile Synthesis and Characterization of Graphene Nanosheets[J]. J. Phys. Chem. C，2008，112(22)：8192-8195.

[47] Shin H J，Kim K K，Benayad A，et al. Efficient Reduction of Graphite Oxide by Sodium Borohydride and Its Effect on Electrical Conductance[J]. Adv. Funct. Mater，2009，19(12)：1987-1992.

[48] Fan X，Peng W，Li Y，et al. Deoxygenation of Exfoliated Graphite Oxide under Alkaline Conditions：A Green Route to Graphene Preparation[J]. Adv. Mater，2008，20(23)：4490-4493.

[49] Pei S F，Zhao J P，Du J H，et al. Direct Reduction of Graphene Oxide Films into Highly Conductive and Flexible Graphene Films by Hydrohalic Acids[J]. Carbon，2010，48(15)：4466-4474.

[50] Li J F，Lin H，Yang Z L，et al. A Method for the Catalytic Reduction of Graphene Oxide at Temperatures Below 150℃[J]. Carbon，2011，49(9)：3024-3030.

[51] Akhavan O，Ghaderi E. Photocatalytic Reduction of Graphene Oxide Nanosheets on TiO2 Thin Film for Photoinactivation of Bacteria in Solar Light Irradiation[J]. The Journal of Physical Chemistry C，2009，113(47)：20214-20220.

[52] Lv W，Tang D M，He Y B，et al. Low-Temperature exfoliated graphenes：vacuum-promoted exfoliation and electrochemical energy storage[J]. ACS Nano，2009，3(11)：3730-3736.

[53] Schniepp H C，Li J，McAllister M J，et al. Functionalized Single Graphene Sheets Derived from Splitting Graphite Oxide[J]. The Journal of Physical Chemistry B，2006，110(17)：8535-8539.

[54] McAllister M J，Li J L，Adamson D H，et al. Single Sheet Functionalized Graphene by Oxidation and Thermal Expansion of Graphite[J]. Chemistry of Materials，2007，19(18)：4396-4404.

[55] Zhu Y，Murali S，Stoller M D，et al. Microwave Assisted Exfoliation and Reduction of Graphite Oxide for Ultracapacitors[J]. Carbon，2010，48(7)：2118-2122.

[56] An S J，Zhu Y，Lee S H，et al. Thin Film Fabrication and Simultaneous Anodic Reduction of Deposited Graphene Oxide Platelets by Electrophoretic Deposition[J]. The Journal of Physical Chemistry Letters，2010，1(8)：1259-1263.

[57] Zhou M，Wang Y L，Zhai Y M，et al. Controlled Synthesis of Large-Area and Patterned Electrochemically Reduced Graphene Oxide Films[J]. Chem. Eur. J.，2009，15(25)：6116-6120.

[58] Ponomarenko L A，Schedin F，Katsnelson M I，et al. Chaotic Dirac Billiard in Graphene Quantum Dots[J]. Science，2008，320(5874)：356-358.

[59] Ritter K A，Lyding J W. The Influence of Edge Structure on the Electronic Properties of Graphene Quantum Dots and Nanoribbons[J]. Nature Materials，2009，8(3)：235-242.

[60] Elias D C，Nair R R，Mohiuddin T，et al. Control of Graphene's Properties by Reversible Hydrogenation：Evidence for Graphane[J]. Science，2009，323(5914)：610-613.

[61] Nair R R，Ren W，Jalil R，et al. Fluorographene：A Two-Dimensional Counterpart of Teflon[J]. Small，2010，6(24)：2877-2884.

[62] Jung I，Vaupel M，Pelton M，et al. Characterization of thermally reduced graphene oxide by imaging ellipsometry[J]. The Journal of Physical Chemistry C，2008，112(23)：8499-8506.

[63] Stankovich S，Dikin D A，Piner R D，et al. Synthesis of graphene-based nanosheets via chemical reduction of exfoliated graphite oxide[J]. Carbon，2007，45(7)：1558-1565.

[64] Paredes J I，Villar-Rodil S，Solis-Fernandez P，et al. Atomic Force and Scanning Tunneling Microscopy Imaging of Graphene Nanosheets Derived from Graphite Oxide[J]. Langmuir，2009，25(10)：5957-5968.

[65] Sun X M，Liu Z，Welsher K，et al. Nano-Graphene Oxide for Cellular

Imaging and Drug Delivery[J]. Nano Research, 2008, 1(3): 203–212.

[66] Zhang T Y, Zhang D, Shen M. A low–cost method for preliminary separation of reduced graphene oxide nanosheets[J]. Materials Letters, 2009, 63(23): 2051–2054.

[67] Mkhoyan K A, Contryman A W, Silcox J, et al. Atomic and Electronic Structure of Graphene–Oxide[J]. Nano Letters, 2009, 9(3): 1058–1063.

[68] Gomez–Navarro C, Weitz R T, Bittner A M, et al. Electronic Transport Properties of Individual Chemically Reduced Graphene Oxide Sheets[J]. Nano Letters, 2007, 7(11): 3499–3503.

[69] Kudin K N, Ozbas B, Schniepp H C, et al. Raman spectra of graphite oxide and functionalized graphene sheets[J]. Nano Letters, 2008, 8(1): 36–41.

[70] Wilson N R, Pandey P A, Beanland R, et al. Graphene Oxide: Structural Analysis and Application as a Highly Transparent Support for Electron Microscopy[J]. ACS Nano, 2009, 3(9): 2547–2556.

[71] Cai D Y, Song M. Preparation of fully exfoliated graphite oxide nanoplatelets in organic solvents[J]. Journal of Materials Chemistry, 2007, 17(35): 3678–3680.

[72] Liu Y Y, Han G Y, Li Y L, et al. Flower–like zinc oxide deposited on the film of graphene oxide and its photoluminescence[J]. Mater. Lett., 2011, 65(12): 1885–1888.

[73] Gomez–Navarro C, Burghard M, Kern K. Elastic properties of chemically derived single graphene sheets[J]. Nano Letters, 2008, 8(7): 2045–2049.

[74] Dikin D A, Stankovich S, Zimney E J, et al. Preparation and characterization of graphene oxide paper[J]. Nature, 2007, 448(7152): 457–460.

[75] Chen H, Muller M B, Gilmore K J, et al. Mechanically strong, electrically conductive, and biocompatible graphene paper[J]. Advanced Materials, 2008, 20(18): 3557–3561.

[76] Chen C M, Yang Q H, Yang Y G, et al. Self–assembled free–standing

graphite oxide membrane[J]. Advanced Materials, 2009, 21(29): 3007-3011.

[77] Watcharotone S, Dikin D A, Stankovich S, et al. Graphene-silica composite thin films as transparent conductors[J]. Nano Letters, 2007, 7(7): 1888-1892.

[78] Liu Y Y, Zhang D, Shang Y, et al. A Simple Route to Prepare Free-standing Graphene Thin Film for High-performance Flexible Electrode Materials[J]. RSC Advance, 2014, 4(57): 30422-30429.

[79] Chen Z P, Ren W C, Gao L B, et al. Three-dimensional flexible and conductive interconnected graphene networks grown by chemical vapour deposition[J]. Nature Materials, 2011, 10(6): 424-428.

[80] Xu Y, Sheng K, Li C, et al. Self-Assembled Graphene Hydrogel via a One-Step Hydrothermal Process[J]. ACS Nano, 2010, 4(7): 4324-4330.

[81] Xu Z, Gao C. Graphene chiral liquid crystals and macroscopic assembled fibres[J].Nature Communications, 2011, 2(1): 571.

[82] Xu Z, Gao C. Aqueous liquid crystals of graphene oxide[J]. ACS Nano, 2011, 5(4): 2908-2915.

[83] Maldonado S, Morin S, Stevenson K J. Structure, Composition, and Chemical Reactivity of Carbon Nanotubes by Selective Nitrogen Doping[J]. Carbon, 2006, 44(8): 1429-1437.

[84] Zhang C H, Fu L, Liu N, et al. Synthesis of Nitrogen-Doped Graphene Using Embedded Carbon and Nitrogen Sources[J]. Adv. Mater., 2011, 23(8): 1020-1024.

[85]Subrahmanyam K S, Panchakarla L S, Govindaraj A, et al. Simple Method of Preparing Graphene Flakes by an Arc-Discharge Method[J]. J. Phys. Chem. C, 2009, 113(11): 4257-4259.

[86] Geng D S, Chen Y, Chen Y Q, et al. High Oxygen-Reduction Activity and Durability of Nitrogen-Doped Graphene[J]. Energy Environ. Sci., 2011, 4(3): 760-764.

[87] Meyer J C, Kurasch S, Park H. J, et al. Experimental Analysis of Charge Redistribution due to Chemical Bonding by High-Resolution Transmission

Electron Microscopy[J]. Nat. Mater., 2011, 10(3): 209-215.

[88] Qian W, Cui X, Hao R, et al. Facile Preparation of Nitrogen-Doped Few-Layer Graphene via Supercritical Reaction[J]. ACS Appl. Mater. Interfaces, 2011, 3(7): 2259-2264.

[89] Panchakarla L S, Subrahmanyam K S, Saha S K, et al. Synthesis, Structure, and Properties of Boron-and Nitrogen-Doped Graphene[J]. Adv. Mater., 2009, 21(46): 4726-4730.

[90] Sheng Z H, Shao L, Chen J J, et al. Catalyst-Free Synthesis of Nitrogen-Doped Graphene via thermal Annealing Graphite Oxide with Melamine and its Excellent Electrocatalysis[J]. ACS Nano, 2011, 5(6): 4350-4358.

[91] Jeong H M, Lee J W, Shin W H, et al. Nitrogen-Doped Graphene for High-Performance Ultracapacitors and the Importance of Nitrogen-Doped sites at Basal Planes[J]. Nano Letters, 2011, 11(6): 2472-2477.

[92] Zhao L Y, He R, Rim K T, et al. Visualizing individual nitrogen dopants in monolayer graphene[J]. Science, 2011, 333(6045): 999-1003.

[93] Wei D, Liu Y, Wang Y, et al. Synthesis of N-Doped Graphene by Chemical Vapor Deposition and its Electrical Properties[J]. Nano Letters, 2009, 9(5): 1752-1758.

[94] Deng D, Pan X, Yu L, et al. Toward N-Doped Graphene via Solvothermal Synthesis[J]. Chem. Mater., 2011, 23(5): 1188-1193.

[95]苏鹏, 郭慧林, 彭三等. 氮掺杂石墨烯的制备及其超级电容性能[J]. 物理化学学报, 2012, 28(11): 2745-2753.

[96] Jiang B, Tian C, Wang L, et al. Highly Concentrated, Stable Nitrogen-Doped Graphene for Supercapacitors: Simultaneous Doping and Reduction[J]. Applied Surface Science, 2012, 258(8): 3438-3443.

[97] Inagaki M, Konno H, Tanaike O. Carbon Materials for Electrochemical Capacitors[J]. J. Power Sources, 2010, 195(24): 7880-7903.

[98] Stoller M D, Park S, Zhu Y, et al. Graphene-Based Ultracapacitors[J]. Nano Letters, 2008, 8(10): 3498-3502.

[99]Zhu Y, Murali S, Stoller M D, et al. Carbon-Based Supercapacitors

Produced by Activation of Graphene [J]. Science, 2011, 332(6037): 1537–1541.

[100] Sun L, Wang L, Tian C, et al. Nitrogen–Doped Graphene with High Nitrogen Level via a One–Step Hydrothermal Reaction of Graphene Oxide with Urea for Superior Capacitive Energy Storage[J]. RSC Advances, 2012, 2(10): 4498–4506.

[101] Yoo E J, Kim J, Hosono E, et al. Large reversible Li storage of graphene nanosheet families for use in rechargeable lithium ion batteries[J]. Nano Letters, 2008, 8(8): 2277–2282.

[102] Pan D, Wang S, Zhao B, et al. Li storage properties of disordered graphene nanosheets[J]. Chemistry of Materials, 2009, 21(14): 3136–3142.

[103] Kou R, Shao Y Y, Liu J, et al. Enhanced Activity and Stability of Pt Catalysts on Functionalized Graphene Sheets for Electrocatalytic Oxygen Reduction[J]. Electrochemistry Communications, 2009, 11(5): 954–957.

[104] Maiyalagan T, Dong X, Chen P, et al. Electrodeposited Pt on Three–Dimensional Interconnected Graphene as a Free–Standing Electrode for Fuel Cell Application[J]. Journal of Materials Chemistry, 2012, 22(12): 5286–5290.

[105] Chen X, Wu G, Chen J, et al. Synthesis of "Clean" and Well–Dispersive Pd Nanoparticles with Excellent Electrocatalytic Property on Graphene Oxide[J]. J. Am. Chem. Soc., 2011, 133(11): 3693–3695.

[106] Hu W, Peng C, Luo W, et al. Graphene–Based Antibacterial Paper[J]. ACS Nano, 2010, 4(7): 4317–4323.

[107] Sun X, Liu Z, Welsher K, et al. Nano–Graphene Oxide for Cellular Imaging and Drug Delivery[J]. Nano Research, 2008, 1(3): 203–212.

[108] Das A, Pisana S, Chakraborty B, et al. Monitoring dopants by Raman scattering in an electrochemically top–gated graphene transistor[J]. Nature Nanotechnology, 2008, 3(4): 210–215.

[109] Bi H, Xie X, Yin K, et al. Spongy Graphene as a Highly Efficient and Recyclable Sorbent for Oils and Organic Solvents[J]. Advanced Functional Materials, 2012, 22(21): 4421–4425.

[110] Yavari F, Chen Z, Thomas A V, et al. High Sensitivity Gas Detection Using a Macroscopic Three-Dimensional Graphene Foam Network[J]. Scientific Reports, 2011, 1(1): 166.

[111] Schedin F, Geim A K, Morozov S V, et al. Detection of individual gas molecules adsorbed on graphene[J]. Nature Materials, 2007, 6(9): 652-655.

[112] Green N G, Ramos A, Morgan H. Ac electrokinetics: a survey of sub-micrometre particle dynamics[J]. Phys. D., 2000, 33(6): 632.

[113] Koerner H, Hampton E, Dean D, et al. Generating triaxial reinforced epoxy/montmorillonite nanocomposites with uniaxial magnetic fields[J]. Chemistry of Materials, 2005, 17(8): 1990-1996.

[114] Docoslis A, Wu W, Giesec R F, et al. Kinetics and energetics of plasma protein adsorption onto mineral microparticles[J]. Proceedings of the First Joint BMES/EMBS Conference, 1999, 2: 732.

[115] Rousselet J, Moulin L G, Huntz AM. Influence of a pre-strain treatment on the stresses generated by the growth of an oxide scale on Ni76Cr16Fe8 alloys[J]. Reactivity of solids, 1988, 5(1): 1-27.

[116] Schnelle T, Müller T, Reichle C, et al. Combined dielectrophoretic field cages and laser tweezers for electrorotation[J]. Applied Physics B, 2000, 70: 267-274.

[117] Lu W, Koerner H, Vaia R. Effect of electric field on exfoliation of nanoplates[J]. Applied Physics Letters, 2006, 89(22): 223118-1-3.

[118] Li D, Muller M B, Gilje S, et al. Processable aqueous dispersions of graphene nanosheets[J]. Nature Nanotechnology, 2008, 3(2): 101-105.

[119] Wang G X, Wang B, Park J, et al. Synthesis of enhanced hydrophilic and hydrophobic graphene oxide nanosheets by a solvothermal method[J]. Carbon, 2009, 47(1): 68-72.

[120] Bielawski C W, Dreyer D R, Park S, et al. The chemistry of graphene oxide[J]. Chemical Society Reviews, 2010, 39(1): 228-240.

[121] Wan X, Huang Y, Chen Y. Focusing on Energy and Optoelectronic Applications: A Journey for Graphene and Graphene Oxide at Large Scale[J].

Accounts of Chemical Research，2012，45(4)：598–607.

[122] Guo B Q，Chen W F，Yan L F. Preparation of Flexible，Highly Transparent，Cross–Linked Cellulose Thin Film with High Mechanical Strength and Low Coefficient of Thermal Expansion[J]. ACS Sustainable Chemistry & Engineering，2013，1(11)：1474–1479.

[123] Stankovich S，Dikin D A，Dommett G H B，et al. Graphene–based composite materials[J]. Nature，2006，442(7100)：282–286.

[124]Allen M J，Tung V C，Kaner R B. Honeycomb Carbon：A Review of Graphene[J]. Chem. Rev.，2010，110(1)：132–145.

[125] Stankovich S，Dikin D，Piner R D，et al. Synthesis of Graphene–Based Nanosheets via Chemical Reduction of Exfoliated Graphite Oxide[J]. Carbon，2007，45(7)：1558–1565.

[126]陈武峰.石墨烯材料的化学调控、组装及其性能研究[D]. 中国科学技术大学，2014.

[127] 王桂峰. 金属镍电沉积过程中枝晶生长的分形研究[D]. 南京航空航天大学，2007.

[128] 郑加秀. 极端电化学条件下电沉积银的生长及表征[D]. 河北师范大学，2007.

[129] 陈书荣. 金属电沉积过程枝晶生长的分形研究[D]. 昆明理工大学，2002.

[130]Arico A S，Bruce P，Scrosati B，et al. Nanostructured materials for advanced energy conversion and storage devices[J]. Nat. Mater.，2005，4(5)：366–377.

[131]Kotz R，Carlen M. Principles and applications of electrochemical capacitors[J]. Electrochimica Acta，2000，45(15)：2483–2498.

[132]Conway B E.Transition from supercapacitor to battery behavior in electrochemical energy storage[J]. J. Electrochem. Soc.，1991，138(6)：1539–1548.

[133]Arbizzani C，Mastragostino M，Soavi F. New trends in electrochemical supercapacitors[J]. J. Power Sources，2001，100(1)：164–170.

[134] Saranggapani S, Tilak B V, Chen C P. Materials for electrochemical capacitors theoretical and experimental constraints[J]. J. Electroehem. Soc., 1996, 143(11): 3791–3799.

[135] Khomenko V, Raymundo–Pinero E, Beguin F. A New Type of High Energy Asymmetric Capacitor with Nanoporous Carbon Electrodes in Aqueous Electrolyte[J]. J. Power Sources, 2010, 195(13): 4234–4241.

[136] An K H, Kim W S, Park Y S, et al. Electrochemical Properties of High–Power Supercapacitors Using Single–Walled Carbon Nanotube Electrodes[J]. Adv. Funct. Mater., 2001, 11(5): 387–392.

[137] Liu C, Li F, Ma L P, et al. Advanced materials for energy storage[J]. Advanced Materials, 2010, 22(8): 28–62.

[138] Avouris P, Chen Z, Perebeinos V. Carbon–based electronics[J]. Nature Nanotechnology, 2007, 2(10): 605–615.

[139] Frackowiak E, Beguin F. Carbon materials for the electrochemical storage of energy in capacitors[J]. Carbon, 2001, 39(6): 937–950.

[140] Simon P, Gogotsi Y. Materials for electrochemical capacitors[J]. Nature Materials, 2008, 7(11): 845–854.

[141] El–Kady M F, Strong V, Dubin S, et al. Laser scribing of high–performance and flexible graphene–based electrochemical capacitors[J]. Science, 2012, 335(6074): 1326–1330.

[142] Wang G K, Sun X, Lu F Y, et al. Flexible pillared graphene–paper electrodes for high–performance electrochemical supercapacitors[J]. Small, 2012, 8(3): 452–459.

[143] Lei Z B, Christov N, Zhao X S. Intercalation of mesoporous carbon spheres between reduced graphene oxide sheets for preparing high–rate supercapacitor electrodes[J]. Energy & Environmental Science, 2011, 4(5): 1866–1873.

[144] Hsieh C T, Hsu S M, Lin J Y, et al. Electrochemical capacitors based on graphene oxide sheets using different aqueous electrolytes[J]. The Journal of Physical Chemistry C, 2011, 115(25): 12367–12374.

[145] Liu F, Song S Y, Xue D F, et al. Folded structured graphene paper

for high performance electrode materials[J]. Advanced Materials，2012，24(8)：1089-1094.

[146] Zhang L，Shi G Q. Preparation of Highly Conductive Graphene Hydrogels for Fabricating Supercapacitors with High Rate Capability[J]. J. Phys. Chem. C，2011，115(34)：17206-17212.

[147] Fan Z J，Yan J，Wei T，et al. Asymmetric Supercapacitors Based on Graphene/MnO$_2$ and Activated Carbon Nanofiber Electrodes with High Power and Energy Density[J]. Adv. Funct. Mater.，2011，21(12)：2366-2375.

[148] Stoller M D，Park S J，Zhu Y W，et al. Graphene-based ultracapacitors[J]. Nano Lett.，2008，8(10)：3498-3502.

[149] Wu Y, Liu S, Zhao K, et al. Chemical deposition of MnO2 nanosheets on graphene-carbon nanofiber paper as free-standing and flexible electrode for supercapacitors[J]. Ionics, 2016, 22：1185-1195.

[150] Feng X, Chen N, Zhang Y, et al. The self-assembly of shape controlled functionalized graphene－MnO2 composites for application as supercapacitors[J]. J. Mater. Chem. A, 2014, 2(24)：9178-9184.

[151] Zhou H, Yang X, Lv J, et al. Graphene/MnO2 hybrid film with high capacitive performance[J]. Electrochimica Acta, 2015, 154：300-307.

[152] Yu N, Yin H, Zhang W, et al. High-performance fiber-shaped all-solid-state asymmetric supercapacitors based on ultrathin MnO$_2$ nanosheet/carbon fiber cathodes for wearable electronics[J]. Adv. Energy Mater.，2016，6(2):1501458.

[153] Najafpour M M, Moghaddam A N, Dau H, et al. Fragments of layered manganese oxide are the real water oxidation catalyst after transformation of molecular precursor on clay[J]. J. Am. Chem. Soc., 2014, 136(20)：7245-7248.

[154] Guo B，Fang L，Zhang B，et al. Graphene doping：A review[J]. Insciences Journal，2011，1(2)：80-89.

[155] Wang Y，Shao Y，Matson D W，et al. Nitrogen-Doped Graphene and its Application in Electrochemical Biosensing[J]. ACS Nano，2010，4(4)：1790-1798.

[156] Long D H，Li W，Ling L C，et al. Preparation of Nitrogen-Doped Graphene Sheets by a Combined Chemical and Hydrothermal Reduction of Graphene Oxide[J]. Langmuir，2010，26(20)：16096-16102.

[157] Wang D W，Gentle I R，Lu G Q. Enhanced Electrochemical Sensitivity of PtRh Electrodes Coated with Nitrogen-Doped Graphene[J]. Electrochem. Commun.，2010，12(10)：1423-1427.

[158] Lai L F，Chen L W，Zhan D，et al. One-Step Synthesis of NH$_2$-Graphene from in Situ Graphene-Oxide Reduction and its Improved Electrochemical Properties[J]. Carbon，2011，49(10)：3250-3257.

[159] Li J F，Lin H，Yang Z L，et al. A Method for the Catalytic Reduction of Graphene Oxide at Temperatures below 150℃[J]. Carbon，2011，49(9)：3024-3030.

[160] Wang H B，Maiyalagan T，Wang X. Review on Recent Progress in Nitrogen-Doped Graphene：Synthesis，Characterization，and its Potential Applications[J]. ACS Catalysis，2012，2(5)：781-794.

[161] Placke T，Siozios V，Schmitz R，et al. Influence of Graphite Surface Modifications on the Ratio of Basal Plane to "Non-Basal Plane" Surface Area and on the Anode Performance in Lithium Ion Batteries[J]. J. Power Sources，2012，200(15)：83-91.

[162] Arrigo R，Havecker M，Wrabetz S，et al. Tuning the Acid/Base Properties of Nanocarbons by Functionalization via Amination[J]. J. Am. Chem. Soc.，2010，132(28)：9616-9630.

[163]Stankovich S，Dikin D A，Piner R D，et al. Synthesis of graphene-based nanosheets via chemical reduction of exfoliated graphite oxide[J]. Carbon，2007，45(7)：1558-1565.

[164] Sun L，Wang L，Tian C Q，et al. Nitrogen-Doped Graphene with High Nitrogen Level via a One-Step Hydrothermal Reaction of Graphene Oxide with Urea for Superior Capacitive Energy Storage[J]. RSC Advances，2012，2(10)：4498-4506.

[165] Amatucci G G，Badway F，Du Pasquier A，et al. An asymmetric

hybrid nonaqueous energy storage cell[J]. Journal of the Electrochemical Society, 2001, 148(8): A930.

[166] Cheng L, Liu H J, Zhang J J, et al. Nanosized $Li_4Ti_5O_{12}$ prepared by molten salt method as an electrode material for hybrid electrochemical supercapacitors[J]. J. Electrochem. Soc., 2006, 153(8): 1472-1477.

[167] Morimoto T, Tsushima M, Che Y. Hybrid capacitors using organic electrolytes[J]. J. Electrochem. Soc., 2003, 6(3): 174-177.

[168]杨朝晖，陈实，包丽颖等. 非对称电化学电容器用改性石墨材料的研究[J].材料导报，2006，(12): 121-123.

[169]高飞，李建玲，李文生等. 活性炭/$LiMn_2O_4$超级电容器的性能[J].电池，2009，39(2): 62-64.

[170] Yoshino A, Tsubata T, Shimoyamada M, et al.Development of a Lithium-Type Advanced Energy Storage Device[J]. J. Electrochem. Soc., 2004, 151(12): A2180-2182.

[171] Konno H, Kasashima T, Azumi K. Application of Si-C-O glass-like compounds as negative electrode materials for lithium hybrid capacitors[J]. J. Power Sources, 2009, 191(2): 623-627.

[172] Pasquier A D, Plitz I, Gural J, et al. Characteristics and performance of 500 F asymmetric hybrid advanced supercapacitor prototypes[J]. J. Power Sources, 2003, 113(1): 62-71.

[173] Naoi K, Ishimoto S, Isobe Y, et al. High-rate nano-crystalline $Li_4Ti_5O_{12}$ attached on carbon nano-fibers for hybrid supercapacitors[J]. J. Power Sources, 2010, 195(18): 6250-6254.

[174]Chen F, Li R G, Hou M, et al.Preparation and characterization of ramsdellite $Li_2Ti_3O_7$ as an anode material for asymmetric supercapacitors[J]. Electrochimica Acta, 2005, 51(1): 61-65.

[175] Li H, Cheng L, Xia Y. A hybrid electrochemical supercapacitor based on a 5 V Li-ion battery cathod and active carbon[J]. Electrochem. Solid-State Lett., 2005, 8(9): A433-A436.

[176] Wang Y G, Xia Y. A new concept hybrid electrochemical

surpercapacitor: Carbon/LiMn$_2$O$_4$ aqueous system[J]. Electrochem. Commun., 2005, 7(11): 1138–1142.

[177] Aravindan V, Shubha N, Ling W C, et al. Constructing high energy density non-aqueous Li-ion capacitors using monoclinic TiO$_2$-B nanorods as insertion host[J]. J. Mater. Chem. A, 2013, 1(20): 6145–6151.

[178] Aravindan V, Chuiling W, Madhavi S. High power lithium-ion hybrid electrochemical capacitors using spinel LiCrTiO$_4$ as insertion electrode[J]. J. Mater. Chem., 2012, 22(31): 16026–16031.